机器人爱好者 第1辑

美国SERVO杂志社 / 著　符鹏飞、匡昊、雍琦 等 / 译

人 民 邮 电 出 版 社
北 京

图书在版编目（CIP）数据

机器人爱好者. 第1辑 / 美国SERVO杂志社著 ; 符鹏飞等译. -- 北京 : 人民邮电出版社, 2017.1
ISBN 978-7-115-42445-7

Ⅰ. ①机… Ⅱ. ①美… ②符… Ⅲ. ①机器人—基本知识 Ⅳ. ①TP242

中国版本图书馆CIP数据核字(2016)第247287号

版权声明

◆ 著　　　　美国 SERVO 杂志社
　译　　　　符鹏飞　匡　昊　雍　琦　等
　责任编辑　陈冀康
　责任印制　焦志炜
◆ 人民邮电出版社出版发行　　北京市丰台区成寿寺路 11 号
　邮编　100164　　电子邮件　315@ptpress.com.cn
　网址　http://www.ptpress.com.cn
　北京捷迅佳彩印刷有限公司印刷
◆ 开本：787×1092　1/16
　印张：12.5
　字数：184 千字　　　　2017 年 1 月第 1 版
　印数：1 – 3 500 册　　　2017 年 1 月北京第 1 次印刷

著作权合同登记号　图字：01-2016-2255 号

定价：59.00 元

读者服务热线：(010)81055410　印装质量热线：(010)81055316
反盗版热线：(010)81055315

内容提要

本书是美国机器人杂志《Servo》精华内容的合集。

全书根据主题内容的相关性，进行了精选和重新组织，分为5章。

第1章介绍了机器人的历史、发展状态以及前景。第2章是新款机器人的产品实测，还包括了格斗机器人DIY的文章。第3章是“跟Mr.Roboto动手做”的专栏文章。第4章是系列文章的合集，详细介绍了一款机器人的动手构建。第5章是全球机器人领域最新的研究动态和资讯。

本书内容新颖，信息量大，对于从事机器人和相关领域的研究和研发的读者具有很好的实用价值和指导意义，也适合对机器人感兴趣的一般读者阅读参考。

CONTENTS

01

机器人技术概述——现状与未来

02

机器人产品

03

跟 MR.Roboto 动手做

CONTENTS

04

机器人 DIY

05

机器人最新资讯

01

机器人技术概述——现状与未来

是否家家都应该有一个机器人？

Tom Carroll 撰文　赵俐 译

图 1　来自 sciencemag.org 站点的终极家用机器人

我们有多少次看到过“家家都有机器人”这个话题？这句话出现在报纸、杂志、互联网中，甚至我 3 年前写的一篇文章中也曾这样说过。媒体和公众都认为机器人将成为我们家庭中的普通成员，就像电视卡通系列剧《杰森一家》中的罗西一样。阅读本书的大部分读者都不是来寻找工厂机器人应用设计的。事实上，除了对机器人有点业余爱好之外，我们甚至都不会关注 UAV（Unmanned Aerial Vehicle），也就是人们常说的无人机。大部分机器人爱好者最感兴趣的并不是 ROV（Remotely Operated Vehicles 遥控水下机器人）、搜救机器人或格斗机器人。归根结底，大部分人都希望家里有个机器人，不仅用来做伴，还可以替我们完成尽可能多的家务琐事，就像 sciencemag.org 站点所绘的卡通图那样（图 1）。然而，问题又回来了：是否家家都将会有（或者说应该有）一个机器人？

5 年前，如果你问人们家用机器是什么样子，他们会说机器人像人类一样也有两条腿，只是比人类略小一点，一只手上拿着掸子，另一只胳膊上搭着毛巾。或许机器人有轮子——一种更灵敏的设计，但不管怎样，机器人就是一个家庭仆人的样子。如图 2 所示，2014 年 11 月的《科技新时代》（Popular Science）杂志展示了一个机器人 Curi（也称为 Simon），它是由佐治亚理工学院的社交智能机器实验室的 Andrea Thomaz 开发的。注意其胸部的 PrimeSense 传感器。该杂志中文章的题目是《机器人，你未来的好朋友？》。

杂志的封面展示了这个机器人会两只手拌沙拉，但这并不是它的核心功能，其核心功能是与人类进行社交互动的能力——而不仅仅是一个保姆或厨师。社交互动是否应该取代家务劳动成为家用机器人的核心功能？过去，人们可能会想象到推着标准立式真空吸尘器做家务的机器人，如

图 2 《科技新时代》2014 年 11 月——机器人，你未来的好朋友？

图 3 未来的家用机器人——像人一样操作吸尘器

图 4 本田公司 Asimo 机器人端咖啡

图 3 所示，或者机器人为全家人做早餐，把锅里煎的培根颠起来在空中翻个。图 4 显示了本田公司的 Asimo 机器人为一名女性端咖啡的一张照片。在屋外，我们可能会看到机器人推着标准割草机除草或者清扫落叶。这是你想象中的家用机器人吗？当今的大公司是否希望为家用机器人增加多样化功能？谁将负责设计和制造家用机器人？对于个人机器人领域中不断变化的情况，那些“大玩家”做出了怎样的反应？

本文将介绍一家大名鼎鼎的公司是如何进军机器人领域的，以及创业者的“家家都有机器人”梦想是如何一点点破灭的。

微软组建机器人部门

2014 年 9 月，我在 IEEE Spectrum 的网站上读到了一条消息，面临重重压力的微软 CEO 萨提亚 · 纳德拉已经将整个机器人部门纳入到裁员行列中。微软在全球裁员 18000 人，其中 2700 多人在西雅图地区，包括机器人部门的剩余人员，此前该部门一直在研究利用 Kinect 作

为传感器对机器人进行操控和导航。

在飞速变化的商业世界中，公司要想保持赢利，必须采取激进的措施，而新上任的高管往往更喜欢大刀阔斧地削减成本和提高盈利能力。然而，微软的这项最新举措看起来并不符合创始人比尔·盖茨的最初设想，比尔·盖茨在2006年12月《科学美国人》杂志上发表的著名文章中表明了其长期远景（参见图5）。

图5　2006年12月《科学美国人》——机器人时代

TandyTrower 的未来机器人构想

去年10月，我在西雅图的 Hoaloha Robotics 办公室采访了Tandy Trower。Tandy（图6是在他的办公室拍摄的照片）是比尔·盖茨战略团队的元老之一，后来应比尔·盖茨的要求领导微软的机器人计划，并在2005年组建了微软机器人部门。

图6　Tandy Trower 在 Hoaloha Robotics 办公室中

1981年，Tandy 在 Atari 工作，当时他建议管理层授权 Microsoft Basic 使用他们的产品，年轻的比尔·盖茨前往 Atari 与 Tandy 协商产品的功能。后来盖茨聘用了 Tandy，Tandy 成为了微软的元老之一。

盖茨后来选择 Tandy 组建和发展机器人部门一点都不奇怪，因为 Tandy 了解机器人社区，并且知道如何将微软的软件精髓融入到不断发展的高级机器人系统中。2006年6月，他的团队开发出了 Microsoft Robotics Studio，这是一个专门为大学和机器人业余爱好者开发的软件包。

史蒂夫·鲍尔默于2000年出任微软 CEO，他大力开发他认为能够盈利的产品和技术；在他的领导下，微软的确挣了不少钱。鲍尔默从来就不看好机器人部门，因为他并不像他的导师、时任董事会主席的盖茨那样有远见，能够看到机器人在未来的巨大潜力。

2006年盖茨卸任，退居首席软件架构师，Tandy 似乎看到了不祥的预兆。虽说盖茨仍然是董事会主席，但 CEO 鲍尔默并不赞同他的想法。鲍尔默想立即知道如何让机器人在微软成为“十亿美元级”的业务部门。盖茨（和 Tandy）对新项目开发的热情似乎已被机器人部门磨灭了。

2008年，该产品的名称改为Microsoft Robotics Developer Studio（RDS），并发布了2.0版。随后又发布了 RDS 更新和软件开发工具包。当我第一次采访 Tandy 时，我注意到他的真正兴趣是用机器人辅助残障人士和老年人，而这一目的是无法在微软实现的。他于 2009 年离开微软并创建了自己的公司 Hoaloha Robotics（Hoaloha 在夏威夷语中是“关心陪伴”的意思）。

Tandy 离职之后，我后来又采访过微软机器人部门的员工，在交谈中我感觉到这个部门已经背离了 Tandy 的方向，也不符合盖茨当初创立此部门时的本意和目标。或许鲍尔默是对的，机器人这个领域水太深，而且与微软最初的业务目标相差太远。

不知道其他大公司是否也会规避机器人的复杂性，而转向更新的“热门领域”，例如光伏发电或电动汽车。

Hoaloha Robotics

让我们再来谈谈 Tandy 的 Hoaloha Robotics 公司，他的公司正在开发社交互动式的自主机器人。这样的个人机器人不仅对老年人和残障人士大有帮助，而且对神经发育障碍患者也非常有用，例如亚斯伯格综合症和自闭症，这些疾病都属于社会功能障碍。

多年来我一直在研究辅助性机器人设计，即在人们跌倒时提供帮助或进行身体上的照顾，Tandy 的机器人设计与我所做的不同，他的设计不涉及人 / 机交互的法律责任方面。

在我访问 Hoaloha Robotics 期间，Tandy 花了很多时间描述他的机器人设计问题和计划实现的功能。我看到了 3 个不同的工作原型，它们展现了 Tandy 在机器人开发中的思想过程转变。

“目前的设计方向是安全、有用、易用且价格适中的家用机器人。”Tandy 还表明“硬件是一个推动因素，但绝不是成功的关键。从某种意义上讲，任何人都可以制造机器人，但制作一个有用、易用且价格合理的机器人仍然是最难的部分。”

这并不是说他所展示的“硬件”未使用复杂的机械系统和软件。在几个演示中，机器人使用了视觉、口头、手动和自动命令来执行大量所要求的任务。如果我在 Hoaloha 所看到的一切是一种未来征兆的话，那么真正可用且易用的社交互动机器人很快就会出现在我们的生活中。

家用机器人任务的重要性

在介绍其他一些家用机器人之前，我想先谈谈家用机器人所执行的任务的真正重要性。毋庸置疑，每个人都有大量的任务希望由机器人去执行，人人都想在任务列表上增加更多的任务。很多人可能首先会想到一些令他们讨厌的家务活，但却没有考虑到这些活儿的复杂性，而每周他们做这些事可能只需几分钟的时间。

图 7　PR2 正在叠毛巾

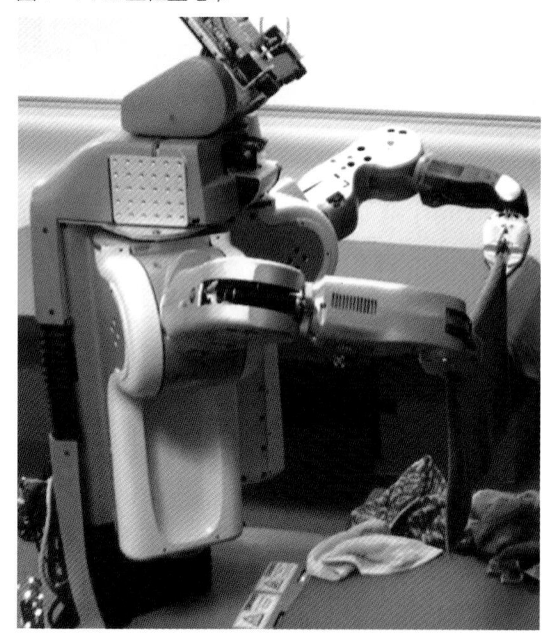

有一些家务活需要人的灵巧双手去做，例如叠衣服——要想设计这样一个机器人是非常昂贵的。价值 40 万美元的 Willow Garage PR2 叠一条洗好并烘干的毛巾需要半个小时，如图 7 所示。

它有一个复杂的视觉系统，以及相关软件和令人称奇的手臂。然而，为什么要使用这台昂贵机器给地毯吸尘呢？这样的任务完全可以用 400 美元的 Neato 机器人轻松完成。

没有人真的希望让机器人去擦易碎雕像上的灰尘，或者用茶盘托着名贵的中国茶壶和茶杯为客人送上热茶。要想设计一个既能修剪草坪又能擦实木地板的机器人同样是十分困难的，因为户外所用的轮子肯定会损伤地板。

将盘子放到洗碗机中也需要一双巧手，要把盘子正确堆放到适当的格子中，这要求操纵手臂从地面一直到 1.5 米或更高的高度。除了机械要求之外，还需要一个高级视觉系统来指挥四肢的动作。

还记得高级 PR2 机器人连叠毛巾都很困难吗？一周雇两次保姆，每次花两个小时洗衣、操作洗碗机以及做一些简单的家务，费用要比使用机器人便宜得多。而与主人进行社交互动所需的机器人却简单得多。

几年后将会有更高级的机器人，老人摔倒时可以扶他们起来，或者扶他们上床下床，等等，所有这些都通过口头指令完成。再经过几年的发展，机器人将能够自主地完成所有这些事情。

人与机器人的和睦相处

机器人外观，包括视觉外观和一些细微之处，例如嗓音和动作，对于潜在的顾客是非常重要的。图 8 显示的是卡耐基梅隆大学机器人学院开发的高级机器人 Herb，你能想象出当它出现在一个毫无准备的老人面前时会怎样吗？毫无疑问，周围几个街区都会听到一声令人毛骨悚然的尖叫！

在意识到这个怪物只不过是一位友善的机器人助手之前，训练有素的海豹特遣队员可能会轮圆胳膊扯掉这个“200 磅重的螳螂”的手臂（我能想象到遭到重创的机器人躺在地板上说“我只不过想要一个奥利奥呀”）。

图 9 所示有两只 5 自由度手臂的机器人怎么样？它活像一只跑出来的 200 磅重的蛆虫。这个外观现代化的高级机器人拥有视觉系统、一个交互式屏幕、激光雷达导航以及不错的功能，很适合家用。然而，它的外观可能还需要再柔和一些。

这两个机器人只是开发团队用来优化其功能的原型平台。它们都是造型优美的高性能机器人；它们的最终改良版本将具有更友好的人机接口，当然最终产品会比初始模型便宜得多。这两个机器人都采用了多自由度（DOF）关节的手臂，这种结构很昂贵，因为需要特殊模具，机械臂必须使用昂贵的关节以及内部电机 / 编码器组件。

图 8　卡耐基梅隆大学开发的机器人 Herb—— 一款可能的家用机器人

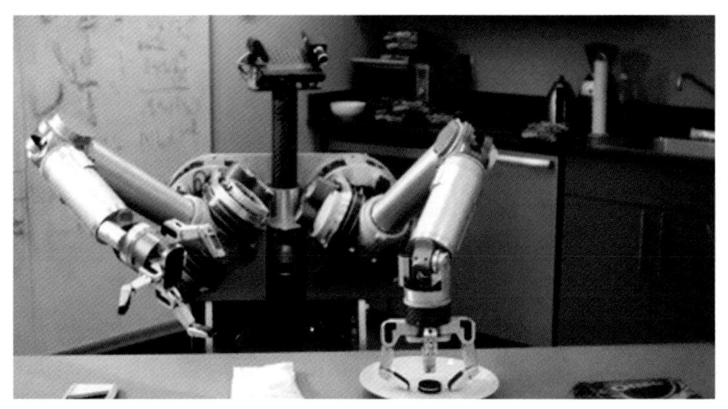

图 9　2010 年上海世博会上展出的家用监控机器人

这里给出一个高级机器人手臂成本的例子，如图 10 所示，Willow Garage 公司出售一款特别版的单手臂 PR2 机器人，与双手臂相比，这款机器人的价格是 115 000 ~ 285 000 美元。一款带有两个带活动关节手臂的全功能家用机器人肯定不会低于 285 000 ~ 400 000 美元，这一价格甚至是高收入家庭也承受不起的。

我的研究显示中等收入家庭的最大承受能力约为 1 万 ~1.5 万美元。当元件销售量上升并且竞争加剧时，这一成本肯定会降低。

与计算机和智能手机等电子设备不同，像机器人和大型设备这样的电子机械相对来说会昂贵一些，因为它们更复杂，而且需要劳动密集型的装配。在制造过程中，外壳、内部结构以及机器人手臂和驱动系统使用了很多紧固件和金属切割作业。

图 10　Willow GaragePR2-SE

家用机器人设计壁垒

罗宾 · 威廉姆斯主演的《机器管家》（图 11）或《机器人与弗兰克》中的机器人在做家务方面，要远胜当今高级机器人实验室中的任何产品。它们使用“核动力源”（无论那是什么）可以运行好几天，而像本田的 Asimo 这样的高级机器人使用笨重的锂离子电池供电，在最好的情况下也只能运行一小时。

过去几年，我们在电池技术上有了一些难以置信的进步，但家用机器人所需的那种能够驱动机械运动的高电能技术尚未出现。

锂 – 铁磷酸盐和其他化学成份被证明是更好的替代，但我们还有很长的路要走。电机、驱动器和其他耗电部件对电力的利用效率越来越高，但还不足以解决电力不足的问题。

家用机器人还缺乏真正的智能和交互式视觉能力。Microsoft Kinect 和 PrimeSense 传感器，以及 CMUCam 系列摄像头为机器人实验者提供了一些不错的视觉功能，但它们甚至都达不到简单家用机器人操控任务（例如叠衣服或做饭）所需的复杂视觉反馈。很多这样的传感器的价格在 100 美元之下，如图 12 中所示的 CMUCam 5 的售价为 69 美元。

人类的眼睛与大脑协同工作，实时分析复杂的景象，并指挥我们的胳膊和手去执行复杂操控任务。机器人正在慢慢利用这样的技术。Neato 机器人吸尘器通过一个旋转的激光雷达传感器进行 SLAM 导航，这是实验者们在家居环境中结合使用多种传感器进行基本导航的一种“视觉”方法。

图 11　机器人管家——由罗宾 · 威廉姆斯饰演的新型旗舰版家用机器人

图 12　常用的 CMUCam 5

上面简要介绍了有关节的多自由度手臂和功能性抓手或机械手的用处，然后我们又谈到了它们有多么昂贵。这些类型的设备在工业机器人领域被称为“末端操纵装置”，随着家用机器人的普及，它们将变得十分重要。

鉴于此，机器人设计者必须开发有用且不那么昂贵的抓手和手臂。不仅要让顾客能够负担得起，而且必须易用且安全，因为它们是机器人与人类交互的主要接口。

把摔倒在地的人扶起来是我遇到的最难的设计问题之一。安全是至关重要的，但是安全方面是与严格的责任处罚联系在一起的，这就像任何“医疗设备”在可能造成人身伤害时要负责任一样。

为满足法律规定，必须进行大量原型开发和测试，这为辅助性家用机器人增加了大量成本，但这些机器人最终肯定会被开发出来。毕竟人类社会中有很大一部分人需要它们。

一些有趣的家用机器人概念

前面讨论了一些非常有趣的可在家中使用的机器人。它们的价格在几百美元到 40 万美元。每位设计者都有其独有的设计特色。我曾在几个亚洲站点上看到过如图 13 所示的家用机器人，但网站并未提供这种机器人的详细说明。它有两只类似于人类的手臂，但没有手指。

图 13　站在现代厨房中的中国家用机器人

图 14　Grandar Robotics 制造的家庭教育机器人

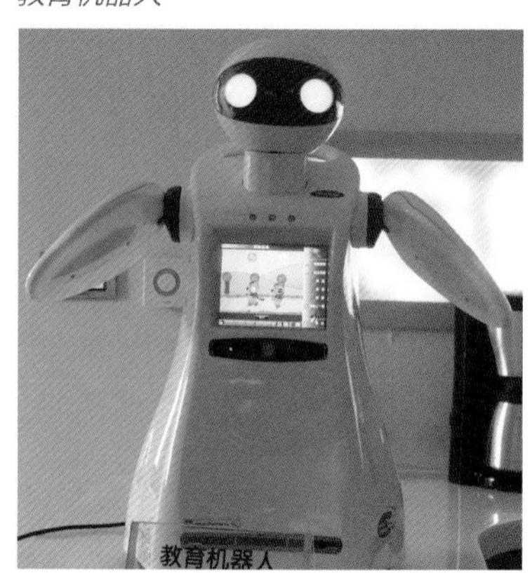

图 14 所示的机器人是 Grandar Shanghai Robotics 公司制造的，它凭借识别人脸表情和汉字书写的能力而闻名。它有两条 DOF 手臂和一个触摸屏，目前尚处于研发阶段。

三星与韩国科学技术学院（KIST）联合开发了一个名为 Mahru 的人形机器人，如图 15 所示。这款机器人于 2008 年首次公开亮相，在过去的几年中有了大量改进。这款与人类身材相仿的双足人形机器人被认为是韩国与日本 Asimo 机器人竞争的产品。

这款机器人能够识别人脸、声音和物体。我曾参与制作并使用过韩国两个最受欢迎的人形机器人——Dongbu Hovis Lite 和 Robotis Bioloid，因此我对韩国机器人工业很有信心，我相信他们一定能够在市场中推出最先进的机器人。

图 15　三星与 KIST 联合开发的 Mahru 辅助机器人

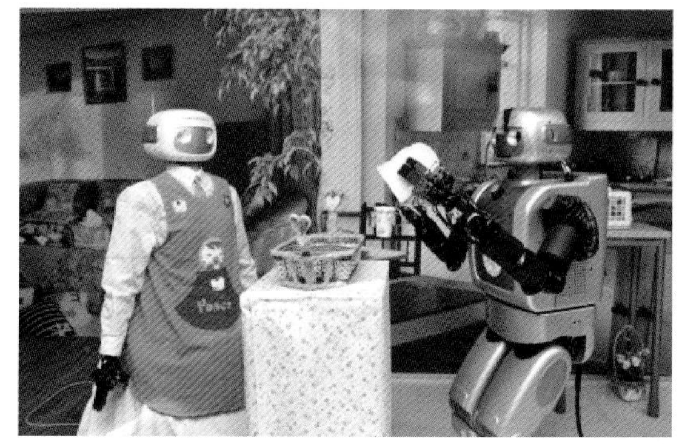

图 16　模拟家居环境中的 IRT AR 辅助机器人

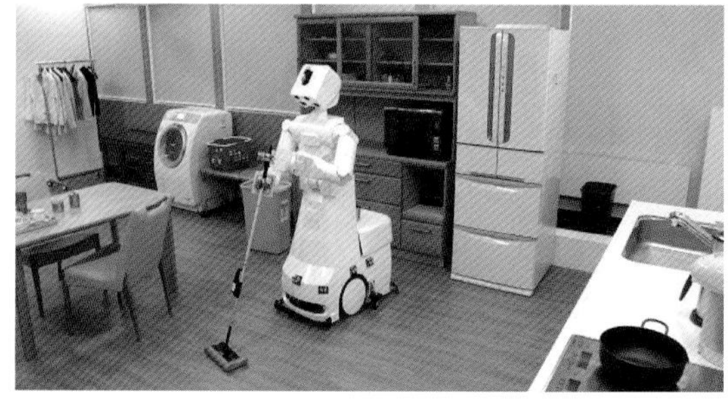

日本在家用机器人领域当然不甘落后。本田公司的 Asimo 机器人享誉全球。日本东京大学研制的 AR 辅助机器人（图 16）是一款奇妙的人形机器人，它是专为家居环境设计的。

“这款机器人原型有1.5米高，130千克重，拥有32个自由度。目前，它可以擦地板、擦桌子、检拾杂物并放到垃圾桶中，甚至能够将物品放回原位，还能收集脏衣服并放到洗衣机中。”

它有6个轮子和5个摄像头，并且使用激光和超声波测距仪进行导航。像所有人形机器人一样，电池只能使用1小时左右。

丰田、富士通、松下、三菱等多家日本大公司为这款机器人及其他机器人的研究提供了资助。

小结

正如我们看到的，家用机器人是机器人工业关键参与者们心中最大的梦想。但在目前这个时刻，我们还没有能够执行家居服务的功能齐全的机器人，但我们已经越来越接近这一目标了。图17所示的机器人来自威尔·史密斯的电影《机械公敌》，电影中的这一幕发生在2035年。或许到2035年，我们仍然不会有双足的人形机器人，但真正有用并且智能的轮式机器人将会为我们当中的一些人服务。

遗憾的是，特斯拉公司和美国太空探索技术公司（Spacex）的创始人伊隆·马斯克认为，人工智能将是“我们最大的存亡威胁”。

是的，这些机器人的第一批买主可能是那些早期采用者，但或许它们的开发者就在我们的读者中间。

图17　美国的NS-5机器人在厨房中——来自电影《机械公敌》

激动人心的农业机器人

Tom Carroll 撰文　雍琦 译

我最近读了一篇极棒的文章，由 Frank Tobe 撰写并发表在他自己主持的在线杂志《机器人报告》上。Frank 的文章名为《机器人准备好了吗？》，文章介绍了 27 家公司，真是让我大开眼界，没想到有那么多机器人正投身于跟人类命运息息相关的农业领域。在我看来，农业是人类最重要的产业，它不仅为人类和牲畜提供食物，而且为工业生产提供能源。

沿着加州 I-5 高速公路往南行驶，一路上会有数百英里路程穿越加州中央谷地（图 1）。中央谷南北长约 724 千米，东西宽 74~96 千米。这片 58 274 平方千米的“伊甸园”生产了全世界 90% 的杏仁，还盛产莴苣、土豆、葡萄、棉花、杏子和芦笋。美国农产品出口量的 8% 都来自这里。

图 1　加州中央谷

我沿 101 公路返回时，看到了品种繁多的农作物。农田上方有时会有嗡嗡作响的喷粉飞机喷撒农药，防止病虫害。

农业的发展

本文不想一上来就介绍那些让农业劳作变得简单轻松的机器人，我反到是想先讨论一下这个问题：人类作为捕食者，是怎么迈入农业生产的。

一开始，我们的祖先可能注意到了这样一个事实，他们丢弃在岩穴周围的果核和种子可以生发出果树来。这让他们意识到，只要把这些又黑又不起眼的东西放到地里，它们就能长成新的树木。谷物也一样。

同样的，他们学会了圈养动物。比起追捕、猎杀野生动物来说，圈养动物容易多了。

时光匆匆，数千年之后，农业已从小打小闹发展成占用大量土地的产业。为了适宜作物生长，土地必须不断耕耘，我们的祖先在很长时间里都以人力进行这项劳作，如图 2 所示。

用犁耕地的方法有一个演变过程。开始的时候，由人从后面推犁。后来发展成由某种温驯的动物在前面拉犁，人在后面扶着，如图 3 所示。在世界上许多地方，农业生产的面貌依旧如此。

当农产品生产日益丰富，不仅能满足一家口粮，还能往外出售时，大规模耕作方法就显得很有必要了。耕地面积增大，播种和收获时需要的人力和畜力越来越多。图 4 展示了一个夸张的场景，“增加马力”，拉动更大的农业工具。

农业机械化生产设备的革命性发展，当拜 Cyrus McCormick 所赐，1931 年 22 岁的他发明了收割机。年轻的 McCormick 从他父亲失败的发明设计中汲取经验教训，不断改进他的发明。直至 1845 年，McCormick 的收割机才真正拿得出手，开始销售。

图 5 展示了 1884 年改进之后的收割机，不仅能收割，还能捆扎。收割机是 19 世纪最重要的发明之一。

图 2　人力耕犁

图 3　马力耕犁

图 4　需要更多马力？那就多来点马吧

图 5　1884 年的 McCormick 收割机和捆扎机

接纳新科技的现代农业

让我们把时钟拨回 1984 年，Tom Selleck 的电影《失控》（Runaway）在那一年横空出世。电影讲了一个警务机器人专家追捕一个失控的农业机器人的故事。这个专家新交的女友，后来逮到了任性的机器人。正是这部电影让我意识到，机器人在商业化生产的农业领域大有作为。

据估计，世界人口在 2050 年将达到 90 亿。到那时，农业产量必须得比现在番一番，才能满足人类需要。全世界可耕土地面积是有限的，所以，生产效率得提升 25% 才能满足产量翻一番的要求。Frank Tobe 那篇远见卓识的文章，概括了一些在农业发展方面让人眼前一亮的事实，包括：

· 为降低成本，美国主要的农业联合企业正在国外购买土地，并在国外开展种植。

· 中国正在非洲购买土地，派遣熟练工人前往当地训练并管理新手。

· 全世界的农民和农场主们，正往精细化耕作方向转变。比如：把大块耕地细分成小区块，有时甚至为单株植物或单个动物划出专门地块，以此增加生产效率，降低成本。

· 将无人机用于勘察、观测、检验和喷洒。

· 无人（至少是自动）车能精确移动，精确作业。

· 美国劳工统计局数据显示， 2012 年农民的中位数收是每小时 9.09 美元。

· 美国劳工统计局数据显示， 2012 年美国从事农业劳动的人口为 749400 人，比 2011 年减少 3%（25000 人）。

· 在美国从事农业生产的人口里，大约有 74% 是墨西哥或中美洲人，其中有一半多属于非法劳工（据《财富》杂志报导）。

· 农作物喷粉飞机作业人员的伤亡率极高，在全美排第 3。在日本，90% 的喷粉作业由无人机完成。

· 市场分析公司 ResearchMoz 在 2014 年 1 月 29 日的一篇文章中指出，农业机器人市场规模将从 2013 年的 0.817 亿美元增长至 2020 年的 1.63 亿美元。

拖拉机：农业的心脏

我是在北卡州东部的一个农业小镇长大的，从小就见识过各式各样的拖拉机和农业设备。几十年后，我移居到华盛顿州西南部的另一个小镇，仍旧能时时在住处周围看见拖拉机。不论新旧，拖拉机从来都是国庆日巡游里的常客。每年夏天，克拉克县博览会展览的拖拉机总会吸引很多人，包括我自己。

图 6 展示了一辆典型的老式拖拉机。约 367 千瓦单缸引擎和约 73 千瓦调速轮组合在一起，就能带动多种不同的农业机械，我总觉得这很神奇。你所要做的不过是点燃引擎，让它每隔五圈给飞轮一把推力。

图 7 展示的是一台未经清理涮洗的老式引擎。洗干净的话，它看起来就跟图片背景里那台绿色引擎一样。它们的结构简单，永不停歇。

图 8 展示的 Steiger 535 是一辆典型的现代拖拉机。为了增加牵引力，它装配有巨型轮子，看上去有点夸张。现在的拖拉机设备丰富，配有空调、封闭式驾驶室、舒适的座椅、音响系统、GPS，有的甚至配有小型冰箱，可以在漫长的全天田间劳作里为你提供“冰饮”。

图 6　1925 年的 Hart-Parr 12-24 拖拉机

图 7　老式煤气引擎

图 8　现代 Steiger 拖拉机，装备有舒适的驾驶室

图 9 展示的是由 Autonomous 拖拉机公司生产的 Spirit AT4000，它是真正的全自动拖拉机。请注意，它没有驾驶室。这辆拖拉机重达 11 吨，其实还算是轻的，因为设计时考虑到了避免压实泥土。

2012 年的原型机使用了光电混合导航系统，可以防止拖拉机越出耕地边界。

Spirit 拖拉机以一对惠普 202 柴油发动机带动一对发电机，后者驱动分别装在四个轮子上的电动马达。轮子转圈，带动宽大的履带行进。

经过十多年的发展，自动拖拉机已经不再使用 GPS 做导航了，GPS 总会周期性地出问题。现在，人们在耕地周围设置激光发射器和接收器，可以精确地为拖拉机导航。如果激光遇到山体或障碍物，就辅以甚高频（VHF）电台。图 10 展示的是正在加装干草收割设备的 Spirit 拖拉机。

图 9　Spirit AT4000 原型机，由 Autonomous 拖拉机公司生产

图 10　自动拖拉机 Spirit 正在装配干草收割设备

从事重复性农业劳作的机器人

在讨论各种特别的机器人设计之前，我想先重点介绍一下一位真正的机器人设计专家，他一直致力于研发温室专用机器人。Harvest Automation 公司的联合创始人和首席技术官 Joe Jones，发明了一种非常引人注目的机器人。这种机器人不仅有搬运功能，还能自动定位植物生长罐。图 11 展示的就是 Harvest Automation 生产的 HV-100 机器人，已经有一些新闻报道以视频形式展示过它的风采。HV-100 让我不禁想起科幻电影《宇宙静悄悄》（Silent Running）里的三个角色：Huey、Dewey 和 Louie。这 3 个机器人长相粗短，行动笨拙，为星际飞船 Valley Forge 上的船员提供服务。

HV-100 身材小巧，由轮子驱动，能够搬起多种不同的植物罐，将它们快速运到其他地方。这种机器人由传感器和程序控制，可以忠实地完成任务。在图 11 里，标出了各部件名称:（A）激光测距仪、（B）边界传感器、（C）夹子、（D）紧急制动开关，以及电器封装部位。

图 11　Harvest Automation 公司生产的能够操控植物生长罐的 HV-100 机器人

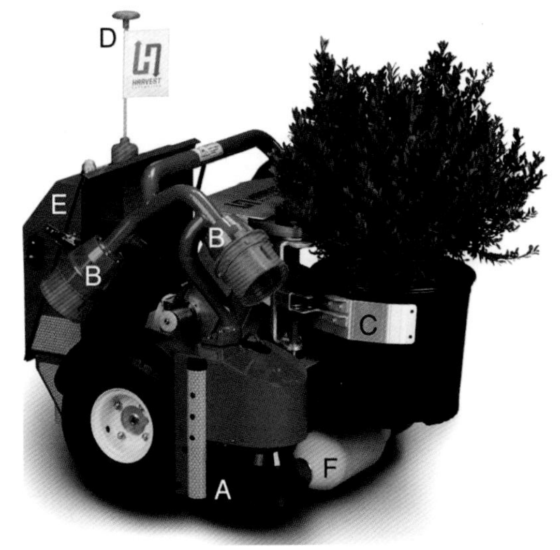

Jones 在参加某次机器人工业论坛时，就怎样决定设计何种机器人发过一番妙论。Mark Hoske 在其为《控制工程》杂志（Control Engineering Magazine）撰写的一篇文章中摘录了 Jones 的一句话：“用于农业的小型移动机器人。”他的机器人方案备选清单几乎是为农业生产量身定制的，但同样适何于其他种类移动机器人的设计和制造。要想发明出成功的机器人，Jones 认为必须做到以下几点：

1. 做人们想要的；
2. 技术手段必须是现成的；
3. 比现有产品更具成本优势。

Jones 在机器人领域有着广泛深厚的背景，曾就先后职于三家不同的机器人公司以及著名的 MIT 机器人实验室，打造过 iRobots 等多个商业项目。

农业生产中有许多重复性动作，大多数人觉得这很痛苦。快速检查一下图 11 中的机器人，我们就能知道，它是以现成技术为依托的“差异导向平台”（differentially steered plaform）。它尺寸娇小，结构简单，在同现有劳动力的比拼中极具竞争力。

Jones 指出，设计移动机器人还有特殊要求：“设计任何一种移动机器人，都面临 6 个方面的挑战：应用系统（传感器、执行器和软件），导航系统，应急系统，移动系统，动力系统，以及交互系统。”

他还指出，典型的农业劳动“……常常伴随因重复提取重物造成的劳累。季节性劳动力极其稀缺，其中 80% 又是非法劳工，工作效率极低。”

在加州收割莴苣的机器人

叶用莴苣（也就是生菜）是加州中央谷市价最高的作物，每年的产值大约为 16 亿美元。莴苣产业包含的内容，远远不止采摘、包装、运输、销售和食用这几项而已。

要让这种绿叶蔬菜变成你的沙拉或三明治里的食材，不光是让它生长成材并整株采下那么简单。要想让这种作物健康成长，必须得好好看护它们。加州的传统是雇佣大量廉价劳动力，但近来能雇到的人越来越少，而且要价越来越高。

人们通常觉得农作物不需要除草和间苗，但莴苣需要一定的空间才能长成。必须定期除去发育不全或受病的植株。严禁采摘还在生长过程中的小植株。这些判断，都由受过训练的人作出。

快来看看莴苣机器人吧，它由 Jorge Heraud 和 Lee Redden 设计研发，他们曾是斯坦福大学研究生同学。

在斯坦福大学时，Jorge 和 Lee 参加过精益商业模式课程（Lean LaunchPad）的一期创业课，之后，他们燃起雄心壮志，希望通过机器人和计算机视觉技术，实现农业可持续发展。在课程中，这支团队创造了莴苣机器人的原型，并在加州中央谷的田间进行了测试，成功地让计算机识别出不同种类的农作物。全自动莴苣机器人从此诞生了。

借助几位教授的种子基金和美国国家科学基金小企业创新研究计划（NSF SBIR）的一笔资助，Jorge 和 Lee 的事业开始起飞，他们组建了自己的公司，取名为蓝河科技（Blue River Technology），寓意可持续、充满活力、永远前进。

蓝河科技指出：“莴苣机器人（图 12）是一种由拖拉机牵引的设备。机器人随着拖拉机前行的脚步拍摄莴苣，利用专门设计的计算机视觉算法，把拍得的图片与数据库内的莴苣图片作比较。据报道，对比的精确程度高达 98%。如果机器人检测到杂草或需要间苗的莴苣，就会打出一剂浓肥料，消灭有害植株，保护其他植株健康成长。不可思议的是，即使以每小时 1.9 千米的速度穿越农田，莴苣机器人的间苗效率仍能抵得上 20 个手工劳动力，不论是准确度还是速度。”

图 13 描绘了全自动莴苣机器人工作时的景象。莴苣产业对于加州经济来说极其重要性，因此，目前已有其他几家公司正加入到设计研发莴苣机器人的队伍中来。

图 12　加装在拖拉机上的 Blue River 莴苣机器人间苗机原型

图 13　全自动莴苣机器人作业概念图

摘草莓的 Agrobot 机器人

Agrobot 机器人是几家研究团体的创作结晶，这些团体的总部都坐落于西班牙韦尔瓦市（Huelva）。Agrobot 计划由工程师 Juan Bravo 牵头，图 14 中驾驶收割机的就是他本人。Juan Bravo 的身后，是多个配备终端感知器的“采摘臂”。图 15 展示了采摘机器人在草莓试验田作业的场景。

图 14　Agrobot 机器人的草莓采摘平台

图 15　实验温室内，横跨三排草莓的 Agrobot 机器人

Agrobot 机器人并不是以机械手段等价复制人手的复杂功能。它利用可视化技术，将橡胶裹衬的篮子（图 16）引导至已经成熟的红草莓那里，然后用升降设备把草莓摘下。

采摘草莓可不是件轻松的工作，它长得离地面得近，需要一次又一次弯腰劳动。我小时候为了挣零花钱就摘过草莓，一篮 0.5 美元。一点都不好玩。

摘下的草莓放到传输带上，运送到坐在机器人前面的工人那里。工人对草莓进行检测，并把它们封装在容器里——翻盖盒、柳条箱或木桶都可以。承接草莓的橡胶篮由好几条机械臂抓着，以便同时进行双向采摘。这种机器人已在加州沃森维尔市（Watsonville）得到使用，那里出产的草莓占全加州产量的 40%。

加州的企业家们见识了这种机器人的原型之后，它们有机会在试验果园里得到进一步检验。如果要使用收割机器人，植株必须单排种植，这样会减少种植量，产量也随之减低。多数地面还得抬起，以便采摘篮能够到植株的所有部位。

潜在买家得明白，机器人不会自己思考，不会找出隐藏在叶子后面或处于植株偏僻角落里的果实。这种机器人售价 250000 美元，配备 60 条机械臂。

图 16　橡胶衬裹的篮子可以温和平缓地摘下单个草莓

图 17　Wall-Ye 修剪机器人正在打理葡萄园

农业生产中的关节臂机器人

几年前，我写过一篇文章介绍 Wall-Ye V.I.N. 1000 修剪机器，如图 17 所示。这种机器人专门用于在葡萄园内修剪枝叶。这种由法国梅肯市（Macon）的 Wall-Ye 公司发明的机器人，已经开始改变葡萄酒工业。

这种机器人的奥秘，在于通过有效地整合关节臂与视觉系统，伸入葡萄植株，剪掉已死亡或得病的部分。这种工作通常要花费工人们数百小时的工作时间，而且工人的技术水平还得达到这一高度，才能判断哪些部分是需要修剪的以及怎样修剪。

人们有时候轻视农业劳动，但实际上，大多数农业劳动需要的并不仅仅是体力。这种价值30000美元的机器人，将在很短时间里证明自己物有所值，为葡萄园主承担那些令人生厌但必不可少的劳作。

最终思考

目前为止，我接触到的农业机器人品种还很少，前面提到的 Frank Tobe 的文章让我受惠良多。不论什么产业，都能利用现代科技增加产量，降低成本，提高安全性，生产出各方面都更加优秀产品。每当想起这些，我都不由得心潮澎湃。

图 18　旧式挤奶方式

农业也不例外。无人机盘旋于田间地头，可以勘察地面，侦测灾害，监视劳作，以及做其他种种事情。机器人拖拉机和自动化设备，可以独自完成耕地、种植、收割等任务。给果树修剪枝叶、采摘果实的任务，也可以交给机器人。

挤牛奶的工作与农业类似。如今，不再有挤奶工坐在挤奶凳上手工挤奶的场景，就像图 18 中那种方式那样。牛奶场使用机械挤奶设备，自动驱赶奶牛到指定位置，清洗乳房，将挤奶器接到牛乳头上。挤奶器检测到挤奶结束后，从牛乳头上移除奶杯，再把奶牛赶回牧场。

请读者注意，我在文章里提到的机器人都还处于原型阶段。不过，它们肯定能迈上新的台阶，成为主流应用。

农业必须改变，它也正在改变中。人类需要以更低的代价获得更多的食物，旧式的农业生产方式必将淡出历史舞台。

机器人和人工智能

Tom Carroll 撰文　李军 译

有一天我看着我家的猫 Rocky 在厨房的角落里吃掉了它盘子里的食物，而我家厨房铺的是硬木地板。在吃完东西之后， Rocky 开始使用自己的爪子去抓地上一些不存在的脏东西，覆盖到它剩下的食物之上，它这种做法很像是非洲塞伦盖地大草原上的猎豹覆盖住没有吃完的羚羊。当然，当附近还有游荡的鬣狗的时候，猎豹还是要小心一些。我冲我的猫喊道："Rocky，你这只傻猫。你知道自己在干什么吗？"

当然，Rocky 并不知道自己在干什么，并且也不知道我在说什么。它只是继承了其远古近亲的 DNA，学会了必须保护自己的食物。

我们可能会嘲笑动物的滑稽行为，但是心理学家肯定知道，我们人类也由于一些未知的原因而做很多疯狂的事情。

Rocky 的大脑很小，只有 28 克，只能够容纳那么大的"计算能力"，这和机器人中的一个微控制器差不多。是的，这么小的大脑使得 Rocky 能够做很多令人吃惊的事情。

智能是不是被高估了？人工智能（Artificial Intelligence，AI）是不是被高估了？我们能够指望在有生之年，将足够的智能构建到所创造的机器人中吗？众多的大学、公司以及机器人和计算机试验者，都在进行艰难的尝试，让 AI 在机器人中变为现实。然而，很多专家也很害怕人工智能所取得的进展。

公众眼中的人工智能

当我们大多数人对某个事物的了解真的比电视或电影中所展示的要少的时候，尤其是当这个事物带有一定的技术特性的时候，似乎这个事物总是会成为罪恶或者有恶意的。很多科幻电影似乎以一种负面的方式展示扭曲了的阴谋诡计或者灾难科学。机器人和计算机就是很好的例子，尤其是当这二者一起呈现的时候。

电影《2001:A Space Odyssey》中的 HAL9000 计算机在杀死了 3 名船员之后接管了太空飞船，因为 HAL 认为太空飞船的任务比船员的生命更重要。通过添加发光的红色眼睛，如图 1 所示，使得这个计算机有一个邪恶的外表，这和图 2 中所示的终结者机器人如出一辙。

图1 电影 2001:ASpaceOdyssey 中的 HAL9000

在第一部《终结者》电影中，主要的机器人通过时光穿梭回到从前并且只有一个目标，这个目标已经通过编程输入其“大脑”中，这就是杀死准妈妈以阻止人类未来的领袖的诞生。

在 Will Smith 的电影《iRobot》中也有相同的情形，其中 V.I.K.I.（表示 VirtualInter-activeKinetic Intelligence）AI 大型计算机，如图 3 所示，命令所有的 NS-5 消费者机器人反抗其人类主人。当看到人类似乎正在进入自我毁灭的模式，V.I.K.I. 决定她必须反抗 Asimov 的机器人三大定律，以保护人类免遭伤害。

图2 电影《Terminator Salvation》中的终结者机器人

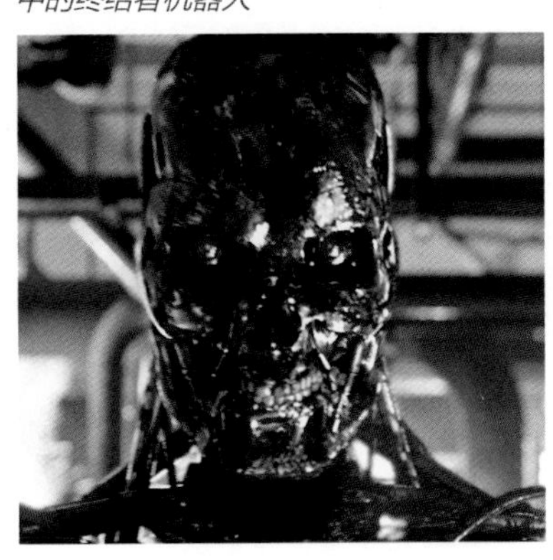

图3 电影《iRobot》中的超级计算机 V.I.K.I. 的画面

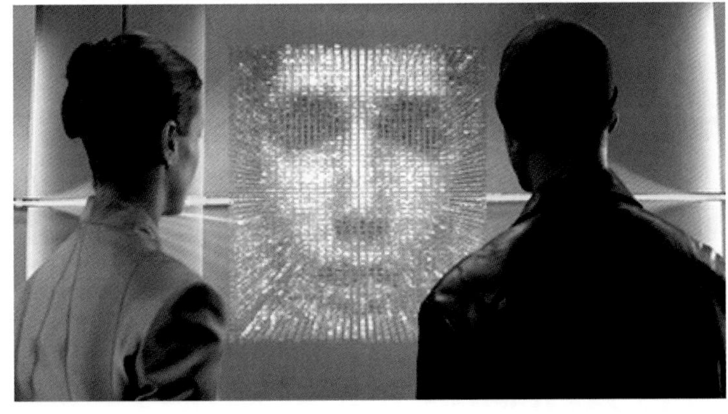

AI 的发展历史

数以千计的图书和文章以多种方式介绍了 AI。其中一些深入到编写代码，并且描述了计算机所使用的类型。似乎对于人工智能有很多种定义，大多都与和机器人的定义相同。我确信，本书的大多数读者都对这个主题有很好的理解，因此，不想对 AI 进行任何长篇大论的讨论，而只是介绍其发展历史中的一些关键时刻，以及导致媒体中混淆的几个问题。

Pamela McCorduck 写了一本很好的图书，《Machines Who Think》（如图 4 所示，于 1979 年出版），这是我所阅读过的关于人工智能的历史的一本最好的图书。他在书名中使用了“who”一词，这真的给我留下了很深刻的印象。

我想起了电影《Short Circuit》以及这部电影中的机器人明星（如图 5 所示）所说的话：“我不只是一台机器，Johnny 5 是有生命的”。并不是像电影所描述的场景那样，当机器人被闪电击中的时候，它就变得智能化了；机器人实际上变得更有自我意识了。给机器人添加一个可爱的声音，肯定会让它更加个性化。这是一个关键问题，众多的 AI 专家认为个性化在机器智能中很重要。

图 4　Pamela McCorduck 的关于人工智能的好书

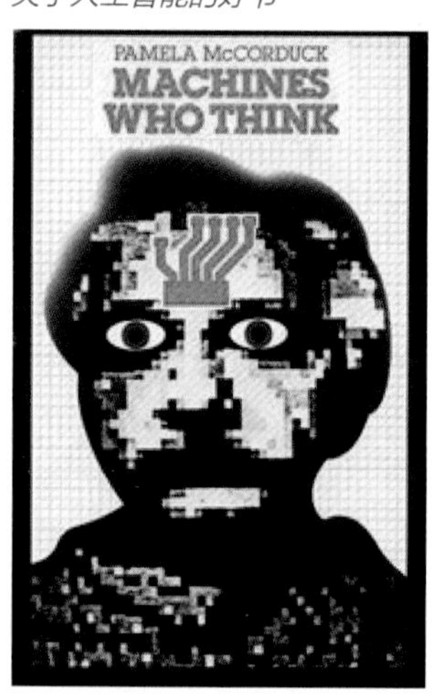

图 5　电影 Short Circuit 中的机器人 Johnny 5

让我们讨论几个更广泛的和不同的例子，这些是关于 AI 应用于机器人和自动化交通工具的例子。

带有 AI 的机器人，能够从过去的错误中吸取教训

回到 2004 年，DARPA（Defense Advanced Research Projects Agency，美国国防尖端研究计划局）主持了几种自动驾驶交通工具之间的第一次比赛，这次比赛是在现实生活中的户外环境进行的。竞赛的方法经过了精心的设计，定义了一组需要解决的军事目标，并且允许参赛者相互竞争以获得奖金。这种竞赛的方法已经验证过，比事先给几家大公司支付数百美元并指望它们给出有效的解决方案要更好。

第一届 DARPA 挑战大赛在 2004 年 3 月进行，选取的是从加利福尼亚州和内华达州之间的沙漠中的 240 千米的越野路段。军方的目标是最终在 2015 年实现 1/3 的地面军事力量自动化。

基于这一点，国会授权 DARPA 为胜利者提供100万美元的奖金。有100个团队参赛，最接近目标的团队只完成了该赛段中的 11.8 千米。这就是卡耐基梅隆大学改装后的悍马（如图 6 所示），它遇到了一块岩石，遇到了一个篱笆，然后就挂掉了。此次比赛没有获胜者。

这是 DARPA 的尴尬的错误吗？绝对不是。从现实生活中的错误中获得的教训，要比从计算机模拟中学到的东西更多。

图 6　CMU 改装后的悍马参见了 2004 年的 DARPA 挑战大赛

一年半之后，第 2 届挑战大赛开始了，一开始有 23 个参赛团队，除了一个团队以外，其他的团队都超越了上一次比赛的 11.8 千米的记录。这些成绩和第一次竞赛成绩相比，有了显著的提高。

有 5 辆车完成了整个赛程，斯坦福大学团队的 Stanley 以 6 小时 54 分的成绩获胜。卡耐基梅隆大学的两个参赛团队分别以 7 小时 5 分和 7 小时 14 分获得了第二名和第三名。

竞赛者必须通过 3 个狭窄的隧道，100 个急转弯，并且要盘山经过陡峭的山坡。对于在地面上行驶的无人驾驶交通工具（当然是经过改装的）来说，能跑完这样的路段真是不错了。此次竞赛中，来自 Oshkosh 卡车公司的重达 13.6 吨的 Teramax 车获得了第五名的成绩。

“机器人”自己并没有从之前的参赛者的错误中学习，程序员利用错误来编写出更好的代码。

什么是人工智能？

在本文中，我已经使用“人工智能”这个词好几次了，到底什么是人工智能呢？我浏览了很多的站点，并且很少有地方会给出真正科学的定义。大多数定义假设读者对于什么是 AI 已经有了自己的想法，这包括其特性是什么。维基百科对人工智能的定义如下：

人工智能是机器或软件系统所展现出来的智能。它是一个研究的学术领域，研究创建智能的目标。主要的 AI 研究者和教科书，将这个领域定义为“智能体的研究和设计”。其中，智能体是能够感知自己的环境并采取行动，以使得自己成功的机会最大化的系统。创造了人工智能这一术语的 John McCarthy，将其定义为“制造智能机器的科学和工程”。

DARPA 机器人

考虑对 AI 的描述，我们应该将 DARPA 挑战大赛中的参赛者称为真正的智能吗？这些车都拥有多个基于微处理器的计算机，并且被多个传感器所覆盖，如图 7 所示。但是，这就使得它们算的上智能了吗？

DARPA 机器人挑战赛（DARPA Robotics Challenge，DRC）又怎么样呢？参加这个比赛而开发的机器人，其目的是将来用做灾难救援机器人，就像图 8 所示的 MIT 开发的 Atlas 那样。这个竞赛是 DARPA 挑战赛中最独特的，也是花钱最多的，并且将会成为展示人工智能的首屈一指的比赛。

图 8　MIT 和 Boston Dynamics 为 DARPA 而开发的 Atlas DRC 机器人

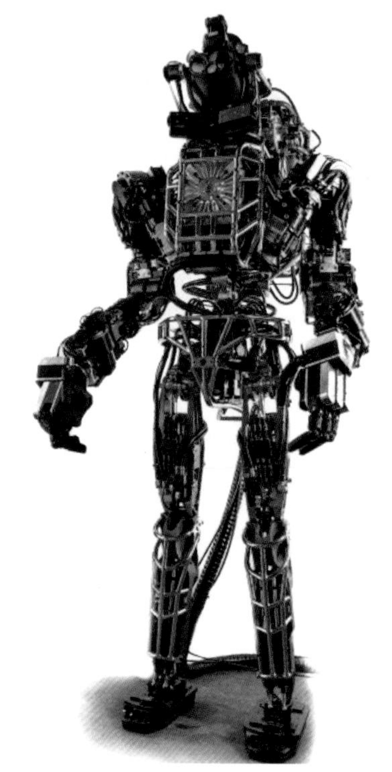

图 7　DARPA 挑战大赛中的传感器特写

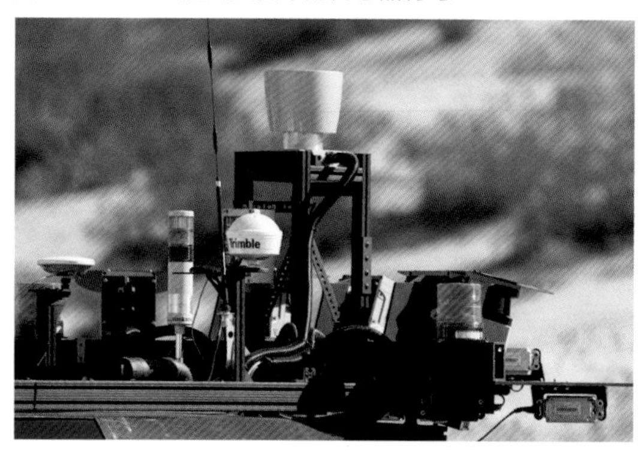

“DRC 是机器人系统和软件团队之间的竞赛，参赛团队都开发辅助人类的机器人功能，以应对自然和人为灾害。这个竞赛设计的难度极高。参加的团队代表了世界上一些最高级的机器人研究和开发组织，他们将在很短的一个时期内协作和创新，以开发出硬件、软件、传感器和人机控制界面，从而使得自己的机器人能够完成 DARPA 为了相关的灾难响应而选定的一系列的挑战任务。”

再仔细看一下这些 DRC 机器人，一共有 19 个团队合格地通过了从 2012 年开始的几个实验性阶段，并且比赛在 2015 年 6 月结束，获胜者将得到 200 万美金。NASA 的 JPL 开发的 RoboSimian，如图 9 所示，只是该竞赛的参赛者之一。其中的 6 个参赛团队，获得了由

Boston Dynamics 为 DARPA 开发的 Atlas 机器人（总价值为 1090 万美元）作为开发平台的奖励。Atlas 机器人的 3 种姿态如图 10 所示。

图 9　NASA JPL 开发的 RoboSimian 2

图 10　Atlas DRC 机器人的 3 种姿态

DRC 的最终决赛将于 2015 年 6 月 5 日到 6 日在加利福尼亚的波姆那进行。决赛将会要求这些机器人执行一系列复杂的和实际的任务，使用和人类操作者之间最小化的交流。尽管人们期望对这些任务做一些修改，但对机器人的最初的任务要求如下：

1. 进入一个工具车辆中并将其开到现场。
2. 绕过一系列的障碍物。
3. 攀爬一个 60 度的船梯。
4. 移走木头砖块和管子。
5. 通过 3 种不同类型的门。
6. 开启一个钻头并在墙上切一个口子。
7. 将一个管子接到一个龙头上。
8. 打开 3 种不同工业用阀门。

除了这些，还会要求参赛者现场解决另外一个未知的任务。

Atlas 机器人直立的时候有 1.8 米高，体重却像一名相扑运动员一样，达到了 150 千克，这主要是因为其材料为钛和航空级别的铝，以及一些沉重的液压驱动系统。该机器人配备了两种视觉系统，一组立体相机，还有一组激光测距仪。腿和胳膊具有 28 度的自由度，并且手也具备基本的灵活度。

电力是通过外部电源以及通过拴链获得的液压驱动力，在决赛的时候，拴链将会去掉。内部的计算机负责控制所有的移动，并且读取机器人身体上的众多的传感器。Atlas 还能够经受住发射物体的撞击，并且能够单腿保持平衡。2013 年， DARPA 程序经理 Gill Pratt 将 Atlas 的原型比作为一个小孩子，他说“它只有 1 岁那么大，并且勉强能够行走；1 岁的孩子会摔很多次跤……，而这就是我们现在所达到的状态”。

对于这次竞赛以及机器人参赛者的一个关键性的描述是，它们都是由人类监管的地面机器人，能够在危险的、恶劣的、人类工程环境中执行复杂的任务。从另一个角度来看，考虑一下在 2011 年毁于海啸的日本福岛核电厂。放射性原料污染严重，并且氢气爆炸摧毁了大部分的建筑。这个环境正是为人类而构建的，包含了门、楼梯，以及可供人体通过的通道。

从机器人的视角来看，这个环境中的所有的控制、阀门和照明都是为了使用人类工具而设计的。其中散布了很多的碎片，并且这使得行走、移动和工作都变得很困难。很多不同的遥控式的机器人仍然用于完成这种非常困难的清理任务。

现在，设计一个人类大小的机器人，它带有和人类类似的肢体，并且通过几乎很常见的人类操控，进入到这种环境或者类似的环境。当外部的人类监控由于某些未知的原因而停止的时候，就允许其自动运行。看一下这些机器人以及要求它们去执行的任务，这不就是机器人的人工智能吗？我认为是。

RoboCup 机器人的演变

暂时先不说价值 180 万美金的 Alas 机器人，我们来看看不算太贵的 RoboCup 机器人，它们设计来踢足球。这一切始于 1997 年，而在过去的 17 年中，这确实取得了一些进展。

在 1997 年，IBM 打造的深蓝超级计算机通过 6 盘国际象棋比赛，击败了国际象棋世界冠军 Garry Kasparov。

日本名古屋的国际人工智能联合大会的参会者得出结论，计算机也能够通过智能机器人在体力的竞赛中击败人类。实际上，在每年一届的世界机器人竞标赛上，机器人专家们预计在 2050 年能够打造一支机器人足球队，并且能够赢得当年前的 FIFA 世界杯（我们说的是世界顶级的人类足球赛）。

多年来，人们已经讨论过各种应用中的机器人。英属哥伦比亚大学（UBC）的 Alan Mackworth 教授撰写了一篇题为《On Seeing Robots》的论文。他认为，一支成功的机器人足球队能够解决几个困扰机器人的问题，例如，团队行为之间的协作，以及随机性移动带球的能力。Mackworth 和他的团队在 UBC 启动了 Dynamo 项目，这是世界上第一个试图实现自动化机器人足球队的项目。

从 1992 年到 1994 年，Dynamo 项目进行了一系列成功的试验，并且为众多人们所熟知的试验，就是现在的 RoboCup 竞赛。第一次比赛在日本举行，有来自 11 个国家的 38 支球队参赛。2013 年的比赛在荷兰的埃因霍温举办，有来自 40 个国家的 2500 个参赛队伍，有 4 万人观看了这一赛事。这场赛事不仅吸引了 AI 研究者和机器人狂热爱好者，还包括皇家成员，荷兰的 Máxima 皇后也出席观看了这一赛事。

2013 年的比赛场景如图 11 所示。两个“中型组”的机器人在一次表演赛中抢球。这些机器人不仅拥有高级的视觉系统（具备视觉移动处理功能），而且你可以看到 5 号机器人上有抓球和抛球的机械装置。机器人持续地看着移动的球，以及它的不断移动的队友和对手，并且很快速地处理所有这些信息以便打好比赛。这是 AI 在机器人中应用的一个优秀案例。图 12 展示了两个不同的仿真风格的机器人。Aldebaran 的 NAO 如图 13 所示，它替代了不再生产的 Aibo 参加 RoboCup 比赛。最初上市的时候，NAO 的价格在 15000 美金（最新的价格是 7990 美金），现在，其价格和 DARwin OP 机器人豪华版价格差不多了（后者即图 11 中弯下膝盖的那一款机器人，其价格为 12 000 美元）。

图 11 “中型组”的机器人球队在埃因霍温打比赛

图 12 两个仿真的 RoboCup 机器人在比赛

图 13 Aldebaran 的 NAO 仿真机器人——一个新的 RoboCup 参赛分组

这些引人注目的机器人，都带有复杂的视觉和面部识别系统。我们期望到 2050 年的时候，能够看到具有真正的 AI 能力的机器人在世界杯上和人类足球运动员比赛，或者至少他们会为了奖金而在球场上奔跑。

Google 的无人驾驶汽车

我们中的大多数人可能已经看到过 Google 汽车，其上面带有一个全景摄像机，多年来，一直在街道和高速路上行驶着，为 Google Earth 记录地貌数据。Google 已经试验无人驾驶汽车有一段时间了，最初是一辆普锐斯，如图 14 所示，其中，创始人 Larry Page 坐在“驾驶”座上，创始人 Sergey Brin 坐在 Page 的后面，而 Eric Schmidt（2001 年到 2011 年任 Google 的 CEO）站在车的后面。

新的汽车原型如图 15 所示，它让我想起了我多年前拥有的一辆 BMW Isetta。Google 汽车项目是由 Chris Urmson 领导的，他是前卡耐基梅隆的研究员，也是 DARPA Grand 和 Urban 挑战赛团队成员。Urmson 首先为 Google 的职员开发了这辆车，然后，将其作为加利福尼亚山景城（Google 总部所在地）的一项城市公共服务。

图 14　Google 的 Larry Page 和 Sergey Brin 坐在普锐斯中，前 CEO Eric Schmidt 也在一起

图 15　Google 的无人驾驶汽车原型

Google 的无人驾驶汽车的原型没有方向盘和踏板。今年开始，要在公共道路上测试，然而，根据加利福尼亚车管局的规定，汽车需要有方向盘和踏板。据说 Google 已经对山景城中的每一条道路建立了地图，并且以自动模式试驾所有这些道路，为了更好地测试，还制造了一些额外的小麻烦。

Google 无人驾驶汽车的测试员，可以选择以一种“随机模式”达到特定的目的地。Urmson 说：“这辆汽车已经遇到过它本来不应该遇到的事情，例如堆在一起的树叶，放错地方的垃圾箱等等；有一次，一位坐着轮椅的妇女挥舞着一个扫帚追赶一只鸭子。我们本来并没有把这种情况作为一个测试用例，但是，好在，这辆车对这种情况表现的很好”。

《连线》杂志将这辆车描述为“一个形似考拉的鸡蛋”。考虑到无人驾驶汽车仍然是一个重要的因素，insurance.com 表示参与调查的人们之中只有 25% 的人愿意让一辆无人驾驶汽车送他们的孩子去上学。Google 不是进入无人驾驶汽车领域的唯一一家公司，而世界上其他的几家公司的无人驾驶汽车原型还在研制之中。

将 AI 应用于机器人

你可能已经看过电影《Her》了，这部电影是由 Joaquin Phoenix 主演的（如图 16 所示），他扮演的是 Theodore。

Theodore 迷恋上了在自己电脑上安装的新的 OS1 软件包中的 Samantha 的声音。在刚刚离婚之后，Theodore 和在生活中给予他诸多帮助的、强大的 AI 程序的温柔“声音”的关系，从“只是朋友”迈向更近了一步。现在，只要给一个原大小的仿真机器人添加这样的智能和视觉，你就可以有一个 Chappie 一样的人物了，这就是 Sony Pictures 在 2015 年 3 月 6 日上映的电影的名字。Chappie 机器人的场景如图 17 所示。

图 16　Joaquin Phoenix 在电影《Her》中的场景

图 17　电影《Chappie》中的场景

在这部电影中，Chappie 是一个大难不死的警用机器人，后来被一个奇怪的人类家庭所收养。这个非常智能的机器人必须成长，并了解自己在人类世界中的位置。Chappie 是“第一个能够思考并感知自己的机器人。它的生活、它的故事，将会永远改变世界看待机器人和人类的方式”。

最终思考

研究者只是触及了人工智能的表象，并且还有很长的路要走。机器人使用的传感器变得越来越便宜，功能也越来越强大，但是，还并没有真正接近人类的大脑和令人惊奇的眼睛，我们的眼睛远远不止是一个图像传感器。

我们惊讶于 iPhone 中的 Siri，或者 Xbox 中的 Kinect。甚至 IBM 的 Watson 也因为击败了 Jeopardy 节目中的两位表现最好的玩家而令人称奇，但是，节目中的每一个问题都必须事先输入到计算机中，并且当向人类参赛者提出问题的同时，要把这些问题作为书面文字同时输入给计算机。

是的，我们已经在AI和人工智能方面取得了很大的进展。然而，正如Elon Musk所警告的那样，在我们在 AI 方面还并没有真正能够达到“召唤恶魔”的程度，而且还有很长的路要走。

在电影《Chappie》中，Hugh Jackman 扮演的 Vincent 可能切中了要害，他说：“人工智能的问题太具有不可预测性了”。

机器人领域新动态

Tom Carroll 撰文　李军 译

春天是万物蓬勃待发的季节，2015 年的春天对于机器人行业来说也是如此。各种类型的机器人在我们的日常生活中已经变得非常普及了。非工业消费类机器人和家用机器人快速地从销售数量和销售收入上超过了工业和军用机器人。多年以来，消费类机器人的构成，要么是像 Tomy Omnibot 2000 这样的高端的“玩具”机器人（如图 1 所示），要么是 Heath Hero 2000 这样的工具和教育机器人（如图 2 所示）。在型号的后面加上数字 2000，试图向预期的客户表明，该产品是最新的技术。新千年里确实催生了很多新的机器人产品。

其他的家用机器人要么通常是较小的玩具，要么是复杂的业余爱好者构建的机器。图 3 所示的是 RB Robot 推出的 RB-5x 机器人，这是一般的职业女性希望家中能够拥有一台的机器人。图 4 所示的 TOPO 也是 20 世纪 80 年代准备构建的非常流行的家用机器人。除了家庭环境之外，机器人的另一个非工业的应用领域，就是昂贵的大学研究平台了，或者如图 5 所示的 20 世纪 80 年代早期的 Denning Sentry 这样的非消费类机器人。

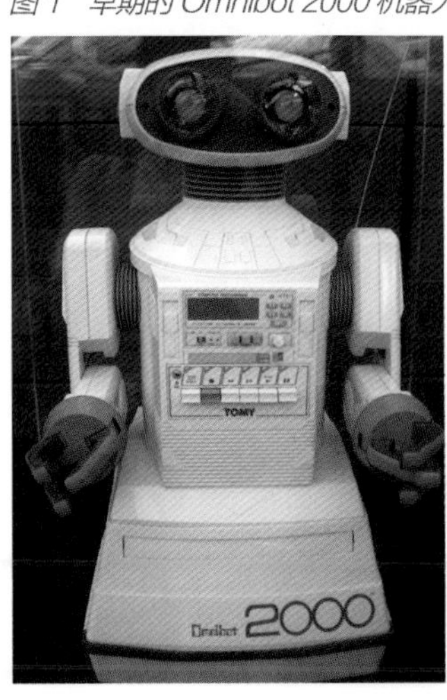

图 1　早期的 Omnibot 2000 机器人

图 2　Heathkit Hero 2000 机器人

图 3　Working Woman 杂志封面上的 RB-5x 机器人

2015 消费类电子产品展

每年1月份，国际CES（费类电子产品展）会在内华达州的拉斯维加斯举行，并且总是会展览最具有创新性或最先进的电子产品和技术。2015年的展览也不例外。有超过17万的观众（其中4.5万人是来自美国以外的地方）和3600家参展商，并且诸如4K TV、可穿戴电子设备、计算机和软件等产品令人惊叹，当然，还有很多不同类型的机器人。

自从我在20世纪90年代初次参加CES之后，多年来，机器人就一直在显著地增加，而当年所展示的大多数机器人还都只是无线电控制的“宣传性机器人”，例如，图6所示的International Robotics的SICO，以及一些其他类型的“玩具”机器人。

图4　Androbot TOPO，由Pong的发明人Nolan Bushnell创造

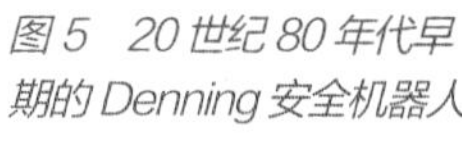

图5　20世纪80年代早期的Denning安全机器人

图6　International Robotic非常流行的宣传性机器人SICO

东芝公司的 Communication Android

在CES 2015上备受媒体关注的一款机器人是东芝公司的Communication Android，她叫做Chihira Aico，如图7所示。媒体给这款机器人起了很多不太友善的绰号，而Toshiba的这款机器人专用于通过日语手语来和那些无法讲话的人交流。这款女性机器人的机械部分移动的颇为平顺，而其手部则可以非常自然地移动。根据“恐怖谷”理论，面无表情加上颤抖地移动的手臂，综合起来构成了其吓人的部分。

通过与大阪大学和芝浦科技研究所合作，并且依赖自身在工业机器人方面的背景，东芝在这

款机器人的关节和面部集成了 43 个促动器，从而达到相对逼真的效果。外观设计为女性的 Android 机器人，最终将会拥有语音识别和合成功能，并且明年应该就能够充当接待员或展览的解说员了。这款名为 Hiroshi Ishiguro 的机器人也拥有很多的创新，其外表和运动都更加接近人类，但是，这款机器人也说明了要达到通过视觉图灵测试的真正的类人类机器人，我们还有很长的路要走。

图 7　东芝的 Communication Android 可以通过日语手语来交流

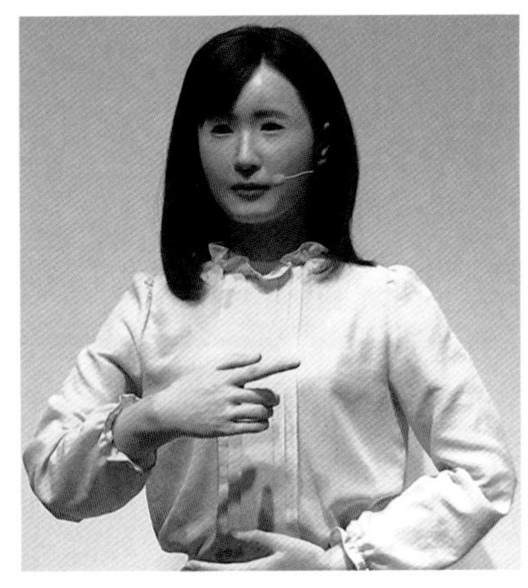

图 8　1976 年的电影 Futureworld 的海报

1976 年的电影《Future-world》使得我怀疑我们是否将会实现真正的人造人。这部电影的海报如图 8 所示，其中写道："在未来的世界中，甚至当你照镜子的时候，你也无法区分人和机器"。差不多过去 40 年了，我们还没有到达那一步。

Keeker

2015 年 的 CES 还展示了小小的法国机器人 Keeker。据说它是家里的一个移动的扬声器和视频投影仪，但是，它的制造商使得它好像能做更多事情。如图 9 所示，它看上去好像是 R2D2 机器人的后代，就像一个鸡蛋一样。它能够将一幅 1 米 1080P 的图像投射到 0.6 米的距离，并且通过 6 个 25 瓦的扬声器提供 360

图 9　智能的家庭环境机器人 Keeker

度的声音效果。

它可以远程控制，并且有内建的摄像头可以进行监控。它的超声波范围、红外线、光线、空气质量、温度和湿度的传感器可以监控家居环境。要为投影仪和 6 个扬声器供电，我不确定电池能够工作多长就需要充电。这是一个创业起步项目，估计造价为 1990 美元。

图 10　MercedesBenz 的 SpokesEye 机器人

Cambot

在 CES 上，很早就能看到宣传性机器人了，但是，有一个机器人是如此令人难忘，以至于人们走遍整个场馆只是为了能够看到它。这就是 Cambot（如图 10 所示），注意，不是 Mercedes-Benz 的 CEO Dieter Zetsche 所展示的 F 015 Luxury 概念车（如图 11 所示）。

图 11　Mercedes-Benz 的 F 015 和 Cambot

PC World 将其描述为“你所见过的最可爱的小机器人”。Zetsche 将这个 3 轮的小机器人放在地面上，以获得这辆车令人目眩神迷的内饰的影像片段（车中带有可转动座椅和娱乐系统），但是，很多观众反而对机器人很感兴趣。一些评论这样写到：“（人们）只是看着这个绕着舞台转动的小家伙。你想要拥抱一下他吗？我知道你想。”

Budgee

CES（以及很多电视节目中）介绍的另一款机器人是由新泽西的 Five Elements 机器人公司生产的机器人 Budgee，如图 12 所示。这款机器人的主要功能是帮助你运送东西，而且价格合理。

图 12　从 3 个角度看 Budgee

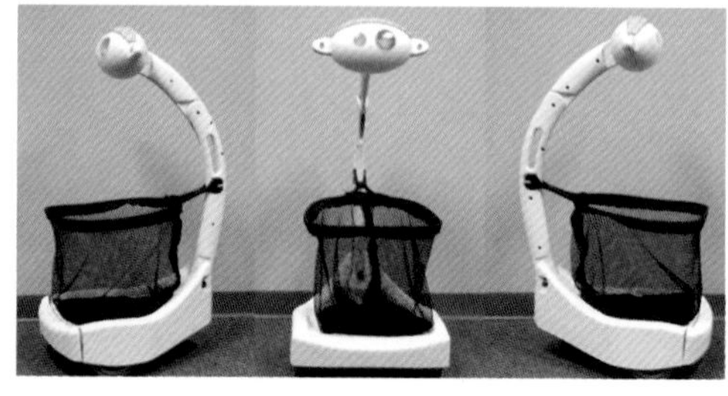

这款可爱的小机器人的售价是 1 399 美元，它可以以 3.86 千米 / 小时的速度跟在你的身后（你需要携带一个小小的发射器），陪你一起逛商店，如图 13A 和图 13B 所示。它在你身后保持一个可以选定的距离。它可以和你打招呼，并且表明其系统所处的状态，它可以拿的起 22.6 千克重的货物、各种物品，甚至是行李箱。

图 13A　机器人助手 Budgee

图 13B　Budgee 为酒店中的商务女士运送行李

它需要充电 2—3 个小时，并且充好一次电后可以工作 10 个小时。它在 CES 上出现一些暂时性的停顿，但是，这可能是因为展厅里有如此之多的 RF 信号，而它不能找到自己的信号。在现实的环境中，不会出现这种情况。

Ecovas 的 Raybot 和 Benebot

知名的各种清洁机器人的生产商 Ecovas 展示了几款独特的机器人。其中的一款清洁机器人叫做 Raybot，它在 CES 上表演了清理太阳能板，如图 14 所示。Raybot 获得了令人垂涎的 2015 CES 创新奖。

随着大规模的太阳能电厂的增加，太阳能光伏板的清理工作已经交给了机器人去执行了，它们在整个清洗过程中可以不使用水。Ecovacs 机器人公司的市场总监 Jeff Mellin 说：“Raybot 能够清理商业用途和工业级别的、放置角度达到 75 度的太阳能光伏板，它安全地使用清扫、吹风和真空吸尘的方式来去除灰尘和脏东西，确保光伏板能够接受最大量的光照以产生能源。”

图 14　获奖的 Ecovas Raybot 在清理一个太阳能板

太阳能已经成为全世界供家庭和企业使用的可再生电力资源中增长最快的一种。然而，很多人忘记了，灰尘和污垢会阻碍电能的输出，因为它们能够遮挡住太阳光。Raybot 可以帮

助确保太阳能光伏板系统总是清洁的，从而优化发电性能。

和 Mercedes 的 Cambot 机器人一样，可爱而小巧的 Benebot 也获得了 CES 观众的青睐。Benebot（如图 15 所示）是 Ecovacs 生产的一款导购机器人，它能够和顾客进行完整的对话。它配备有众多的传感器，一个可播放视频的 LCD 显示屏，以及为顾客指示正确方向的激光器。它设计来通过 LCD 屏幕和可爱的语音和顾客交流。

图 15　可爱的小 Benebot 得到了 CES 观众的青睐

Fraunhofer 研究院的 Care-O-bot 的进展

并不是所有最耀眼的机器人都是在 CES 2015 上看到的。为家居生活设计的最好的机器人（从工程师的视角来看）之一是 Care-O-bot，这是由德国斯图加特的 Fraunhofer 制造工程和自动化 IPA 研究院所设计的。我持续关注 Car-O-bot 系列机器人的发展有很长一段时间了，现在，它已经到了第 4 代产品。

多年来，我一直关注为老年人设计的价格合理的个人机器人助手的进展，而德国在这一方面的进展令我颇受鼓舞。Care-O-bot 设计和实现来在日常的生活中主动帮助人类，充当能够独自运送物品的家庭助手，充当用户的通信助理，并且使得用户能够独立生活。这个系列的第 4 代价格没有那么昂贵了，并且据说功能更多。

自 1998 年第一代 Care-O-bot 诞生以来，严格来讲它只是一个研究平台，这导致了图 16 所示的第二代产品。9 年前我曾经简单介绍过这款机器人。如图 16 所示，这款机器人的设计似乎是集中关注老年人。后部的一个手柄，使得这款机器人可以充当走路的手杖，而高质量的机械手臂可以轻松地负重 2.72 千克。

图 16　德国 Fraunhofer 研究院发明的 Care-O-bot 2

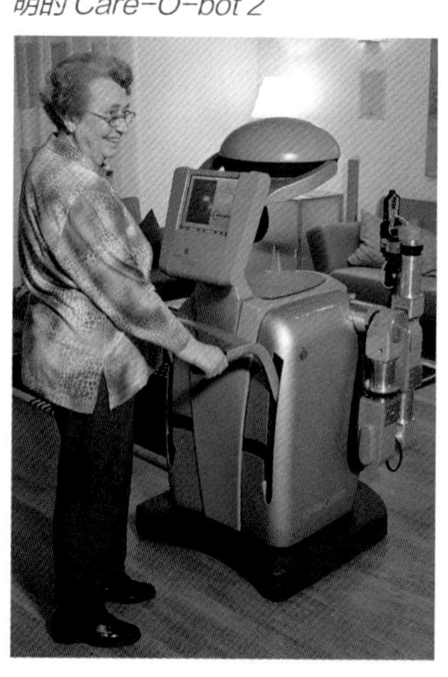

图 17 所示的第 3 代 Care-O-bot 展示了当不用手臂的时候，手臂如何放在机器人的后面，并且通过其多功能的托盘和 LCD 触摸板的组合，它可以为人类服务。图 18 展示了这款机

器人的内部构件，图 19 展示了运动中的胳膊。Care-O-bot 3 当前的价格预计在 320 000 美金，几乎和 Willow Garage PR-2 在差不多的价格空间。它真的很贵，因为它基本上是手工打造和机械制造相结合的。精密的机器构件，两个 SICK S300 和一个 Hokuyo URG-04LK 的激光扫描仪，3 个奔腾级的处理器，Schunk LWA3 的胳膊，以及可以伸展达 1.19 米 SDH 夹子，这些都是高质量的构件，也难免会增加成本。

通过 60 Ahr/48 伏特的锂电池供电，这款机器人有 1.45 米高、181 千克重。它是很能干的机器人，其耐用的软泡沫外表，使得它很适合在老年人和其他人类身边使用。它从腰部开始向前弯曲，在其软塑料的头盔后面的一个略微倾斜的平板平台上，有几个传感器和摄像头。

图 20 所示的最新的 Care-O-bot 4，展示了其当前的设计方向将是会全面降低成本。注意，它和可爱的 Benebot 一样，有一个倾斜的脸部。

图 17 Care-O-bot 3 用软性泡沫材料覆盖的高级胳膊

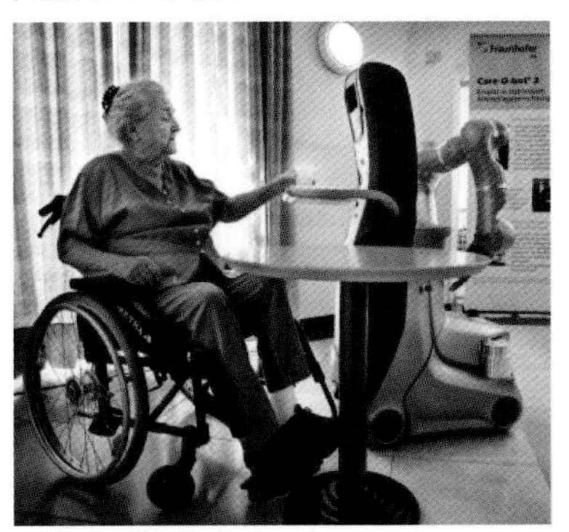

图 18 Care-O-bot 3 的构造说明

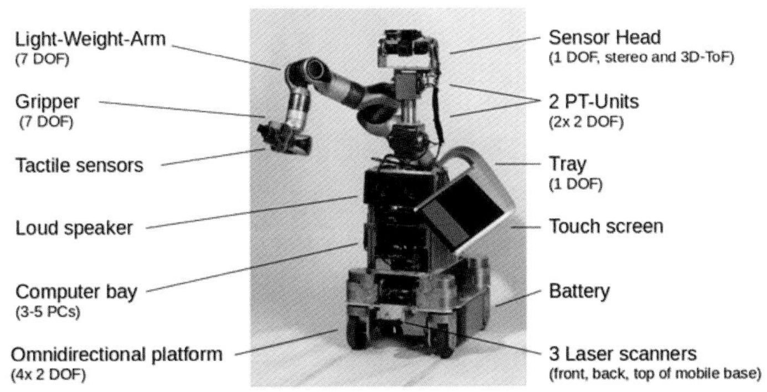

图 19 Care-O-bot 3 胳膊的伸展和运送模式

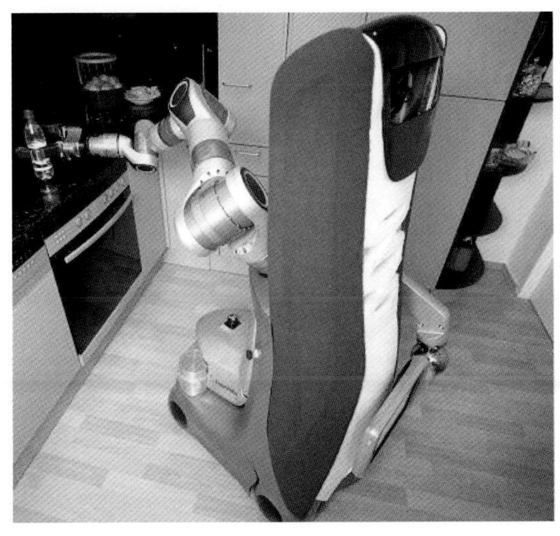

图 20 新的 Care-O-bot 4

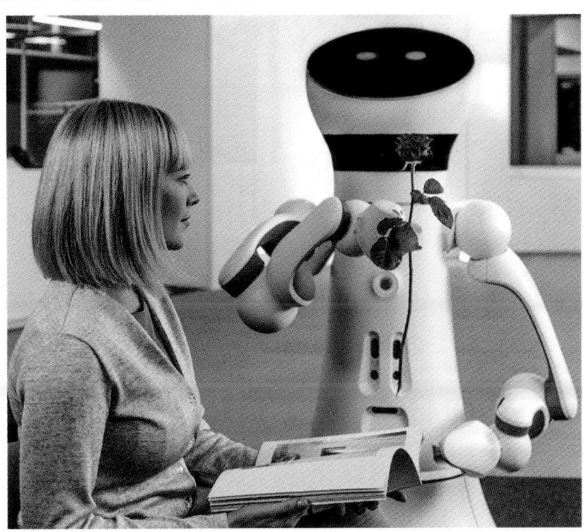

针对内部结构，采用冷弯钣金件而不是机加工板梁，这使得 Care-O-bot 的成本显著下降。现在有了带两只胳膊的版本，如图 21 所示。模块化的构造方式，允许购买者根据具体的需求，以多种方式配置想要的机器人。IPA 希望最终版本的最低售价在 11200 美元（10000 欧元，约合人民币 72500 元），这个价位对于需要居家照顾的老人和他们的家人来说，还是可以接受的。

该机器人由 6 个独立的模块组合而成，这增加了灵活度，这些模块可以拆开使用，如图 22 所示。新的 Care-O-bot 重新优化的夹子如图 23 所示。“第 4 代的 Care-O-bot 不仅更加灵活、模块化，比其前身更具魅力，而且通过使用降低成本的构建原理脱颖而出”，Fraunhofer IPA 的项目组负责人 Dr. Ulrich Reiser 解释道。

“两条流线型设计的胳膊放在左右两边，还有一个脑袋，这个机器人很容易让人想起人类。然而，开发者并不想让它太像人类……”（这和 Toshiba CommunicationAndroid 的情况很相似）。Care-O-bot 4 的设计已经从 20 度的自由活动角度增加到了 31 度，而成本却全面下降。尽管 Care-O-bot 3 从概念上更像是一个保持谨慎的管家，其后续的 Care-O-bot 4 是不是更像一位礼貌的、友好的、和蔼可亲的绅士?

通过模块化的设计，如果想要让 Care-O-bot 当酒吧服务员，可以用一个托盘来代替一只手，或者可以在其顶部使用一个移动的底座平台，以便用于在酒店中运送行李。

我之所以花很多时间来强调 Care-O-bot 的演变，是因为这是我所见过的机器人设计的最

图 21　有两只胳膊的 Care-O-bot 4

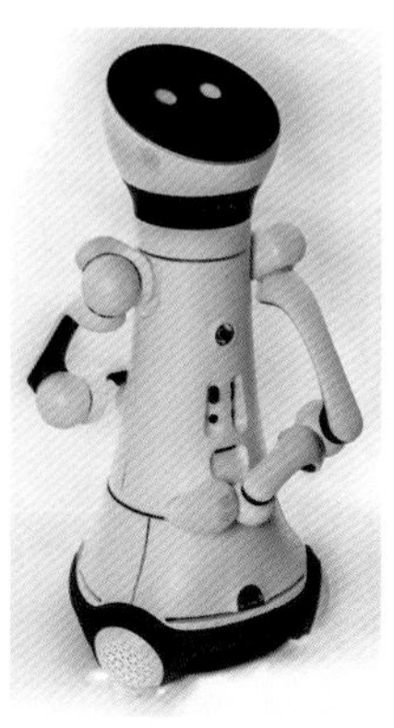

图 22　基于模块的 Care-O-bot 4 用来运送行李箱

图 23　精细化后的 Care-O-bot 4 胳膊上的夹子

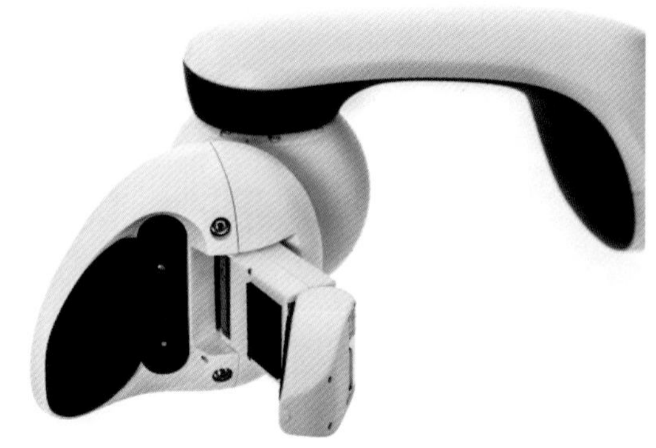

为明智的演进的一个典型例子。是的，第四代的机器人似乎已经和严格的、专为老年人设计的家庭助手渐行渐远，并设计为可以按照多种方式配置以适应众多特定应用的机器人。

为了减少成本，除了全面结构化的内部构造，还配备了 Microsoft Xbox Kinect 这样买来就能用的传感器，这些都减少了制造成本而并没有减少功能。购买者可以添加一个或两个胳膊，升级胳膊关节、不同的摄像头，以及各种通信系统，以满足特定的爱好。

Care-O-bot 4 仍然可以作为老年人的助理，然而，它还保留了经过配置后充当接待员、博物馆解说员、移动信息中心、媒体助理或自动运输机器人等角色的功能。

Modbot 的标准化部件

我们大多数人都曾经在脑海里闪现出一个想法，然后，在一张便签纸或餐巾纸上画一些草图，然后，我们就想要尽快地实现它以证实这一想法。如果我们想要关节式的机器人手臂，例如，要将其添加到一个移动品平台上，那么，我们就会赶快去机器商店快速地构造一些东西。

来自澳大利亚墨尔本的 Daniel Pizzata 和 Adam Ellison 这两人，觉得他们有一个好主意，能够简化这个过程。他们开发了构建物体的 Modbot 方法，这似乎是构建高质量的胳膊以及需要添加的其他部件的一种容易的方式（如图 24 所示）。

图 24　Modbot 部件

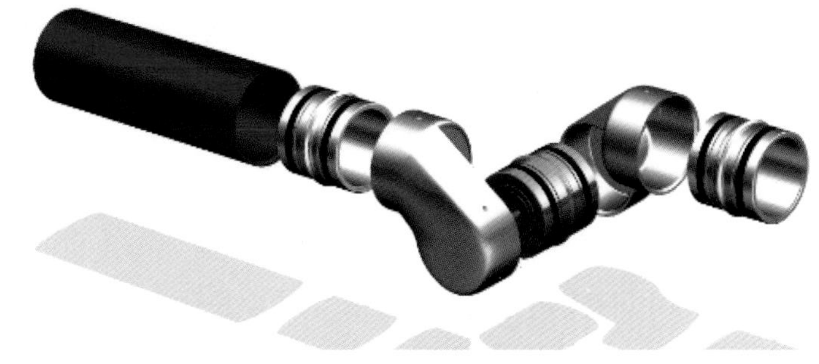

正如他们所说的，工程的最酷的部分是小的圆角伺服系统，其中有马达，负责承载的轴承，发射器和编码器，如图 25 和图 26 所示。所有的部件都整齐地打包了，然后放入到一个接头中，以准备好连接到其他的地方。Pizzata 相信，无法更加可见地制造机器人的原因是，机器人太贵了并且太复杂了。昂贵的研究设施成为人们的拦路虎。

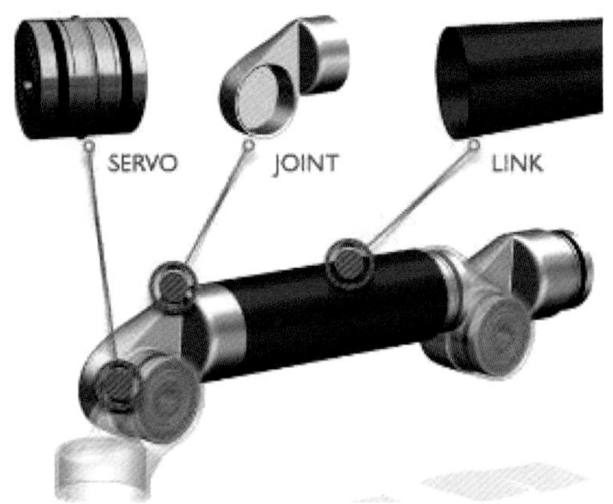

图 25　Modbot 机器人装配

图 26　Modbot 伺服系统模块，显示有 4 个滑动环用于互连接

最终思考

在过去的几年中，机器人领域的进展并不是只限于在国际 CES 上所展示的那些。我之前提到过的 DARPA 机器人挑战赛中的搜救机器人 Atlas，它可以去掉栓链了（如图 27 所示），并且它现在能够不用外部的电源和控制而工作。有人这样评论这一进步："DARPA 去掉栓链并且自行行走而毫无安全问题，这就像一个青少年大学毕业了。"

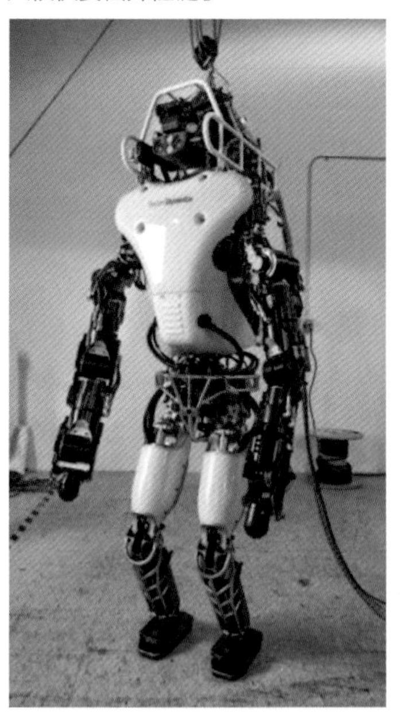
图 27　DARPA DRC Atlas 机器人很快要松开栓链了

今天，机器人通过应用人工智能、高级传感器技术、高能量来源，以及新的和高效的电子机械装置，例如胳膊、附肢、关节式的手和自平衡功能等，变得非常聪明了。机器人正在成为独立的实体，并且能够自行运作很长的一段时间。最新的机器人技术的孵化器，也不再只是 DARPA 这样的政府部门，或者是 MIT、斯坦福或卡耐基梅隆这样的学术中心。诸如前面提到的 Modbot 这样的创业公司、衍生公司以及在奋斗中的车库式的团队，在今天发布了如此多的新产品，这些产品不禁令人拍大腿喊道："我怎么没有想到呢"？

我甚至可以想象，你很快就会通过一款惊人的机器人产品成为头条新闻。我要说祝你好运，勇敢前行！

机器人产品

来看看 Jade Robot

Camp Peavy 撰稿　何语萱 译

最近 Mimetics Digital Education（模拟数字教育）的人送了我一个 Jade Robot。其实在好友 Vern Graner（任职于《SERVO》杂志）问过我要不要尝试一种新的教育型机器人的时候，我就想要试试 Jade Robot 了。三十年来，我不变的爱好便是折腾机器人，现在我更是以此为生——作为美国俐拓（Neato Robotics）的技术人员。另外，一般我常常和 HomeBrew 机器人俱乐部一起参与硅谷的机器人活动。

那么，现在就让我们来鼓捣鼓捣 Jade Robot 吧。

好吧，其实刚刚收到包裹的时候，我是小失望的：新手包里居然没有说明书或者快速入门文档（不过这些东西是为新人准备的，可不是我这样的老手）。但是仔细检查并发现线索是一门艺术，也是求生技能。所以我把 Jade Robot 拿出了盒子，如图 1 所示。

图 1　开发盒看起来很不错！盒子里边的东西也够简洁，放置 Jade Robot 的位置也好。开发者可以从线上获取到说明书、IDE 还有社区支持

Jade 和乐高玩具还有宜家的产品很能满足人们自我探索的欲望。当你稍微研究一下 Jade Robot 之后，就会发现完全不需要说明书什么的，它的用户界面非常直白，而且可玩性相当高，我这样一个大写的注意力缺陷患者都能玩上几个小时。摆弄它就像摆弄一个洋葱，先剥下一层……然后你就开始抹眼泪了。好吧，这个比喻烂透了。Jade Robot 就像一个蛋糕，当你吃掉一层以后，惊喜就在下一层等着你。你吃的越多，能品尝到的味道就更丰富。当然了，实在万不得已，网上也有说明书供你查阅。

用户界面是图形化的，你会本能地想戳一戳它。屏幕上可以选择的图标被称作“面板(panel)”，开发者可以为他们的程序自定义图标。Jade Robot 开箱即可编程，专业的开发者、教师或者学生……都能拥有嵌入式机器人开发的体验，如图 2 所示。

图 2　Jade Robot 的用户界面。这些图标在 Jade Robot 上被称作“面板”，开发者可以将这些图标作为程序的入口，这是真正的嵌入式机器人编程体验

第一个面板是“工具（Tools）”，图标的形状看起来像是一个扳手。在这个选项中，开发者可以设置蓝牙开关、给自己的机器人起一个名字（因为 Mimetics 的原因，我的机器人就叫 Mimi 了）、遥控设置（即选择你的遥控器）、音量控制、Jade Robot 版本信息、校正等等。想要返回上一级菜单的话，你可以选择“返回”面板，它的图标看起来像一个掉头标志。

图 3　你可以从这个键盘上选择要使用的功能，或者切换到机器人的“遥控”模式。即使只是操作这个键盘，开发者也能体会到什么叫做“差速器”

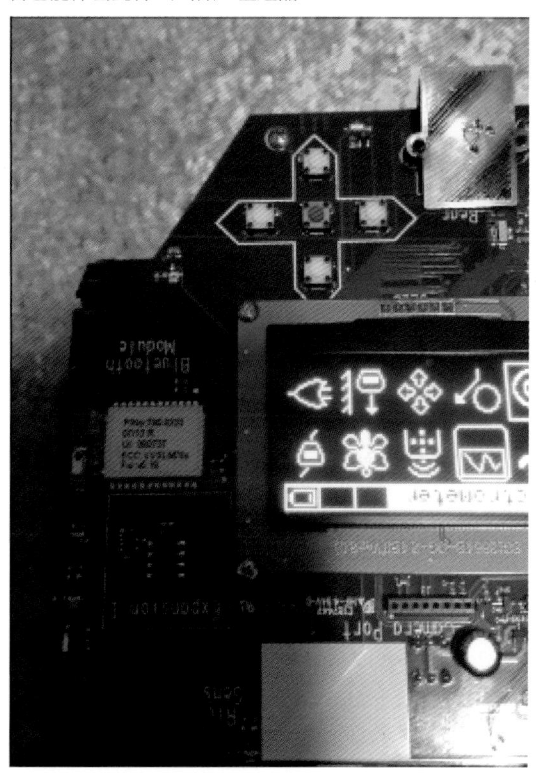

第二个要介绍的“光谱仪（Spectrometer）”，它的图标就是一幅图表。通过按下中央的这个红色按钮，如图 3 所示，开发者可以以图表的形式得到光谱仪的读数，即使是小朋友，也能轻松读懂呢。第三个面板是“遥控移动（Remote Move）”，看起来和远程控制类似。可以通过位于机体右下角的白色按钮，或者 DVD 遥控器控制机器人。

接下来，让我们来看看图标形似一只蛾子的面板是干嘛的：趋光。这个功能在线状符号跟踪的程序中不可或缺，同样的，在逻辑演示、沿壁跟踪、程序演示还有对象回避的操作中，趋光都是非常重要的。我最喜欢的还是障碍回避以及沿壁跟踪了（请不要嘲笑我如此容易被取悦）。在没有键盘的世界里，我们可还是有很多事能做也有很多知识要学呢。

这个机器人里还有一个完整的文件系统，开发者可以通过用户界面下载到程序，然后直接在界面上操作新程序。现在已经可以从编辑器 Jade Support 中直接获取最新的程序了。

好了，在过了一遍内置的程序之后，现在让我们来和计算机玩玩吧。Jade 使用的是“简化版的 C 语言”——Jade C，这种语言可用于机器人编程。新手开发者也不用发憷，有编辑器 Jade Support 在呢。

Jade Support 是一个 Chrome 应用，也就是说，理论上，只要有网络你就可以使用这个编辑器；通过蓝牙就能控制 Jade 机器人；开发者可以使用 Scratch 来编程，而不用学 C 语言。Scratch 是一种图形化的编程语言，开发者只需要将代码块放到编辑区域中。简单到小朋友都能轻松搞定呢，如图 4 所示。

不得不说 Jade 的技术支持实在做的太棒了。之前我发邮件反馈了一个问题：在编写 Scratch 的时候，光谱仪模块没有进入延迟容器中，第二天 Jade 的技术人员就修复了这个问题（这样的问题，开发者不要强行自己解决，应该要求助技术人员）。

开发者用一个 DVD 遥控器就可以控制机器人，既能遥控机器人的移动，也可以遥控操作界面。比如说，你可以控制机器人驶过不同的颜色区域、不同的材质区域，然后通过光谱仪读取数据。在实验课上让学生们做这个课题，似乎再好不过了。

Boe-bot、乐高机器人还有 Arduino 都需要组装，对比起来， Jade Robot 在开箱的时候已经是预装好的，开发者大可以跳过组装那一步。这对实际教学来说可是个好消息，要知道，学生的注意力是很容易分散的。通过图形界面操作 Jade Robot，观察机器人的行为并能尽快直接操作它们，才能更好

图 4　Scratch 是一种基于块的语言，简单到小朋友都能轻易理解。看，这段 Scratch 代码就是利用机器人的光谱仪实现“Z”型轨迹

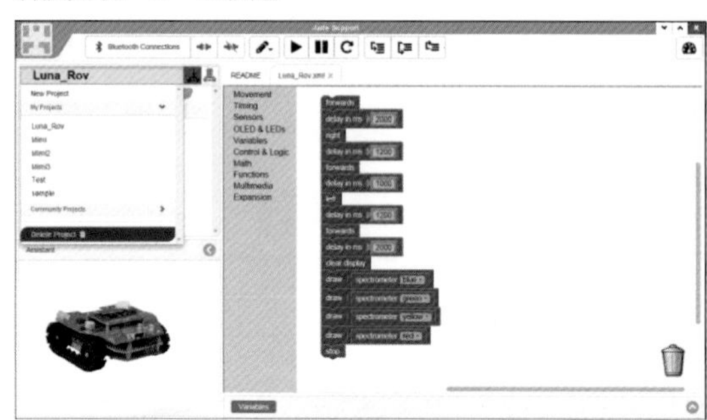

图 5　在机器人的底部有 6 个 LED 灯和 3 个二极管用于反射光谱仪（蓝光、绿光、黄光、红光和两个不同频率的红外线）

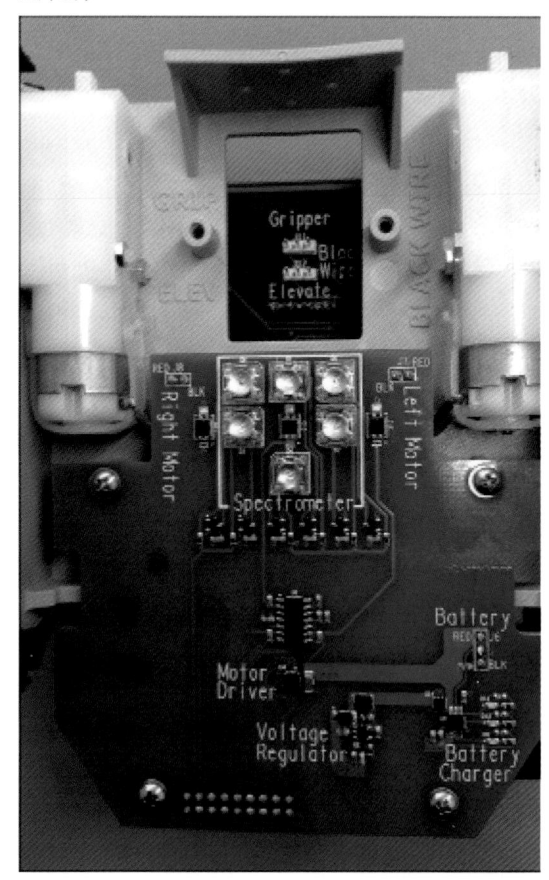

地吸引学生。

而对于我个人来说，Jade Robot 最棒的还是反射光谱仪，如图 5 所示。它的原理是，将六个极亮的 LED 灯反射出的能量记录下，并在 Jade Robot 的用户界面上通过百分比的方式将这些能量值显示出来。开发者们可以通过机身直接分析当前的数据，和真正的太空探测器没有两样啊！这些 LED 灯的波长分别是：蓝光—470nm、绿光—525nm、黄光—574nm 以及红光—660nm；两条红外线的数值分别是 880nm 和 940nm，如图 6 所示。波长是通过 Vishay 二极管（VBPW34S）记录下来的，再以折线图的形式呈现在界面上。看吧，这个小东西专业着呢！

图 6　这里，你可以看到光谱仪的读数。请注意，绿光频率上绿箱的读数高、红光和红外频率上橘盒的读数高 ... 在这小玩意儿上体现的可是实打实的科学呢

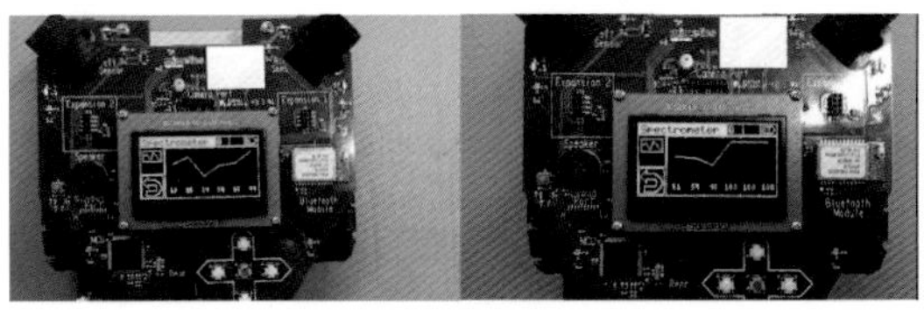

图 7　Jade Robot 甚至能让极度难集中注意力的我停不下来地玩了几个小时，这家伙真是越探索越迷人啊

在测试 Jade Robot 期间，我有幸与机器人专家 Myke Predko 交流了 Jade Robot，他说经过反复推敲设计、不断咨询在校学生和老师，他决定不给 Jade Robot 做盖子，这样机器人内部的组件都能被暴露出来，再使用丝网印刷的技术把组件的名字印上，可以把电子线路神秘的面纱给揭开了，如图 7 所示。

正如前面提到的，Jade Support 基于 Chrome 应用的。将程序放在云端对于团体教学来说比较好，只要联网就可以得到代码。而且多数学校里使用的电脑都是禁止随意安装应用或者软件的，使用 Jade Support 也省下了安装 IDE 这个步骤。

Jade Support 支持逐行调试代码。开发者可以尝试开源社区的项目，也可以创建自己的项目。甚至，你也可以修改内置在 Jade Robot 中的代码（比如趋光、线跟踪还有光谱仪）。

内置的蓝牙允许无线下载代码（连接器那么微小的损耗不值一提），开发者不需要再不断地拔插机器人，这个小小的功能可以大大激发开发者的创造力。

很快 Jade Robot 会升级，它将会有一个摄像头和一个带了两个伺服器的钳子如图 8 所示，这样 Jade Robot 就可以遥控操作了。通常这样的特性只会出现在那种动辄上千的机器人身上。而包括了机盒、机器人还有充电器的 Jade Robot，售价只有 349 美元。开发者可以从网上获

取说明书、相关软件还有社区支持。当然，你肯定可以买个价格比这要低的机器人，但性价比方面，Jade Robot 一定是市面上的佼佼者，特别是对于学校来说，这个机器人非常值得收入。

图8　装备升级之后的Jade Robot。难以想象一个"玩具"机器人在拥有了摄像头和钳子之后，可以遥控操作了

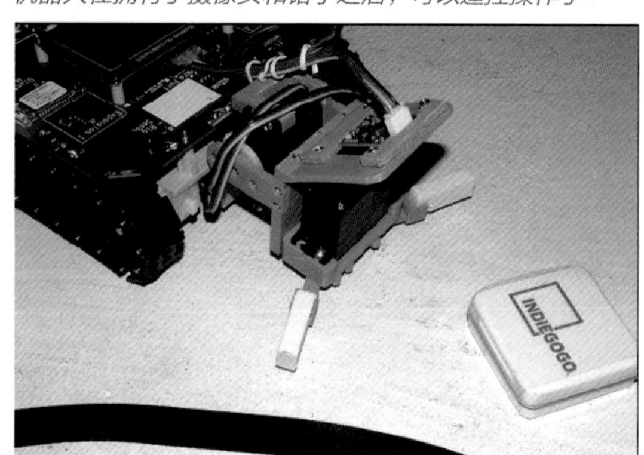

大部分机器人工具包都需要开发者先组装好机器人，要知道，在小朋友们花一个多小时完成组装之后，他们就该对机器人失去兴趣了。使用 Jade Robot 就不会有这样的担忧，它是预组装好的，并且已经有了内置的程序。在小朋友对机器人还有着新鲜劲儿的时候，Jade Robot 就能抓住他们的注意力，小朋友们可以真正动手学到知识。

假如你和我一样，想要尝试一些真正硬件的东西，Jade Robot 也可以满足你。它身上有两个可用的扩展端口，而且我肯定第一个板子可以作为一个纯简电路实验板（a plain Jane breadboard）。所以只要开发者想，完全可以把 Jade Robot 当作一个极客至极的开发板。

现在让我们回到反射光谱仪上。Jade Robot 的底盘和行驶系统既是很棒的电子系统，也是很好的机器人编程训练员。原谅我再重申一次反射光谱仪的重要性：因为它，开发者不仅可以体验到机器人编程，还能感受到科学的魅力。开发者还可以从网上获取到所有的电路图，加到自己的机器人中。

可能从 Arduino 或者 Beaglebone 着手，你可能会获得更多的知识；但是 Jade Robot 对于一些暂时只想试试水的开发者来说，肯定是个很好的选择。

我很喜欢 Jade Robot，要问我会不会想拥有这么一个机器人，我会说在能组团使用的情况下，有一个 Jade Robot 自然是好的，在一组人一起玩的时候才能发挥它的可用性。不过一个人单干的话，我还是想要折腾一个探险者号（Mars Rover Explorer）啊。

小 Rodney：比一般机器人更聪明

Camp L. Peavy, Jr. 撰文　赵俐 译

1982 年，我从佛罗里达州立大学毕业，获得了市场营销专业的学士学位。因此，我不得不从事销售行业，毕竟我主修的是这个专业。当时正值苹果公司上市，同时 Apple III 开始推向市场。我心想："这看起来很有趣。我想试试这个（不管这个是什么）"。否则，我只能去做广告或卖房子。最终，我开始在本地的"RadioShack 计算机中心"销售电子产品，人们亲切的称之为"20 世纪 80 年代的垃圾"。当时，我就下定决心要让这个领域有着更深程度的发展。发展成什么样呢？当然是制造出移动机器人！

移动机器人只不过是 20 世纪 80 年代具有眼睛、胳膊和腿的微型计算机。我曾经读过 David L. Heiserman 的著作《如何制造自编程机器人》（1979 年由 TAB Books 出版社出版），其中他介绍了一个有 8 位数据总线和 12 位地址总线的 8085 微处理器控制设备。你可以设置数据和地址，还可以按"Load"按钮。基本上他是以二进制格式对机器人一次一个字节地进行编程。

Heiserman 在机器智能方面有一个"从经验中学习"的理论。他的机器人名叫"Rodney"，它的出现改变了一切。

在结束了研究生阶段为期 5 年的电子学课程，并构建出前置面板、半个主板、辅助动力和机器人机身之后，我终于成功改装出"Alpha"级机器智能，正如 Heiserman 所描述的那样，它有着现成的 386SX 主板、继电器 I/O 卡和 GWBasic。这是每一个机器人制造者都渴望的"新生"时刻。

事实上，我在 1996 年机器人大擂台的冠军机器人"Gladiator Rodney"（得名于 Heiserman 的机器人）和火人节机器人（1999—2005）"Springy Thingy"上使用了这种算法的变体。

这是一篇关于制造微缩版 Rodney 机器人的文章。因为我制造的机器人比原版要小，因此我们可以叫它小 Rodney。那么，小 Rodney 究竟有哪些先进之处呢？

它可以移动。是的，没错。与 Rodney 和其他机器人相比，小 Rodney 会尝试不同的方法直到成功达到目标（通过移动）。然后，它可以越来越高效地实现这一目标（也就是说它会学习）。

小 Rodney 最开始的动作非常单一，但是正如变形虫机器人在水滴周围随机移动一样，它很快就能学会做出远距离移动的响应，这对于机器人探索世界来说是一个很好的策略。

此外，我们关心的问题不是它做了什么，而是它是如何做到的。换句话说，我们不是将小 Rodney 设计为只是来回重复相同的动作，而是监测其移动传感器（稍后详细说明）并尝试随机移动直到满足实现目标的条件。

一旦小 Rodney 学会对特定情况或条件进行成功处理，下次遇到类似情况时，它会采用同样的处理方式。如果再次成功，小 Rodney 将增加该操作的可信度；如果没有成功，则降低可信度。这个机器人可以从自身的经验中学习。你可能会说它比一般的机器人更聪明！

根据 Heiserman 所说，人们认为 Alpha 级机器智能只具备基本的反射动作，正如前面提到的变形虫机器人在水滴周围的移动。Heiserman 的 Rodney 机器人目标就是这种移动。在差速驱动系统中，有 9 种可能的运动模式，其中包括停止模式。然而，有显著量值或位移的只有前进和后退（代码 4 和代码 8）两种模式。其他运动模式则是围绕着一个点运动（见图 1）。

Gladiator Rodney：这是一个装有电锯的自主机器人。请注意，它的顶部是 38 千赫的红外薯片罐（自制）信号塔，后面是 1000 瓦的逆变器

这是我在 1987 年根据《如何制造自编程机器人》一书做出的第一代 Rodney。请注意，它的地址和数据拨动开关位于上方，继电器位于底部前方

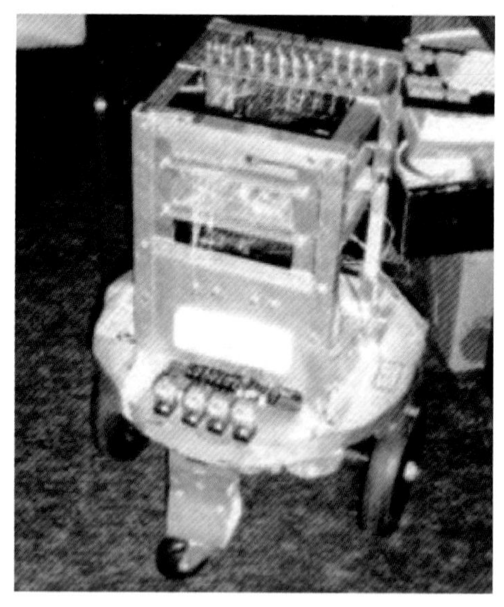

当我运行 PC 版本的 Rodney 时，很快意识到每种模式或代码（除了停止模式）都会检测运动，所以机器人可以顺时针运动（代码 7）或右轮前进（代码 3），或者执行随机选择的任一代码，因为移动探测器一直在检测运动。当然，这对于格斗机器人来说既不有趣，也没有什么用处。

我对 Gladiator Rodney 的操作是先让该机器人运行一段时间，然后不管它是否停止都随机改变模式。

当机器人检测到对方的信号后会被重写。（在机器人大擂台的自由赛区，两个机器人都被调制成可作为对手目标的 38 千赫信号）。

机器人会先在比赛场地随机移动进行“观察”，直到它“看见”对手的信号，然后用其红外眼（电视机遥控器接收器）瞄准对手并进攻。

对 Springy Thingy 也是一样。基本上我先让它走几步，然后改变模式（代码 0 ~ 8）。Gladiator Rodney 和 Springy Thingy 的移动探测器都是由四周涂有稀土磁铁的弹簧闸门轮制成。

这是 2003 年火人节营地上的“Springy Thingy”。它从五次“燃烧”中幸存了下来，这样做的目的是在此种情况下找到能够正常工作的机器人

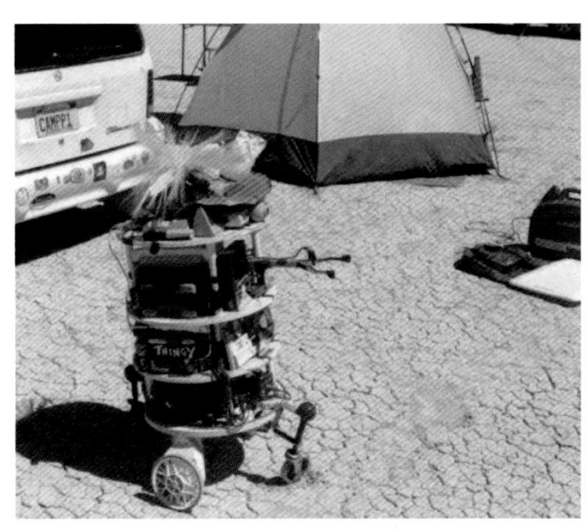

图 1　有显著量值或位移的只有前进和后退（代码 4 和代码 8）两种模式。其他运动模式则是围绕着一个点运动。

差速驱动下的9种可能的运行模式

0. | | = 停止
1. | ↓ = 左轮前巴
2. | ↑ = Left Reverse
3. ↓ | = Right Forward
4. ↓↓ = Forward
5. ↓↑ = CounterClockwise
6. ↑ | = Right Reverse
7. ↑↓ = Clockwise
8. ↑↑ = Reverse

我还在滑轮框处粘了一个簧片开关，当脚轮转动时（即机器人移动时），簧片开关会自动打开和关闭。由于簧片开关会随着随机运动而发出声音，因此机器人看起来像在跳舞。

Springy Thingy 目前的性能仍然良好（已经存活 15 年），它一般出现在 Maker Faire 和自制机器人俱乐部等挑战赛中。

这是机器人的底部。通过透明的亚克力圆盘可以看到里面的 9 伏电池。两个伺服马达夹在两个圆盘之间，并且粘有泡沫双面胶带（同样可以透过圆盘看到）。安装了 Shapelock 的 Roomba 脚轮则在后方。当机器人前进或后退时，它才能旋转

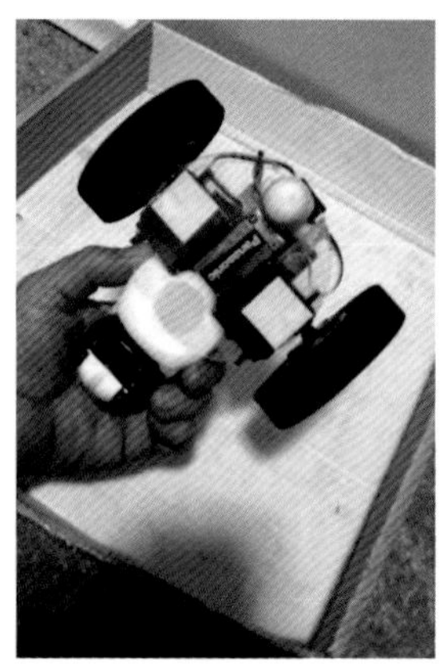

资源：

www.camppeavy.com/articles/protobot.pdf
www.camppeavy.com/articles/ultimate.pdf
www.camppeavy.com/articles/amoeba.pdf
http://tinyurl.com/JuniorPlayPen1
http://tinyurl.com/JuniorPlayPen2
http://tinyurl.com/GladiatorRodney

这是小 Rodney。它的两个伺服马达中间夹着两个亚克力圆盘，并通过 Arduino 进行驱动。该机器人的智能之处关键在于后面的 Roomba 脚轮。小 Rodney 比二进制编程的原版 Rodney 简单 1000 倍

小 Rodney 系统的心脏和思维是 Roomba 移动传感器。机器人需要知道它能否移动。它最终将学会具有最大量值或位移的运动模式。

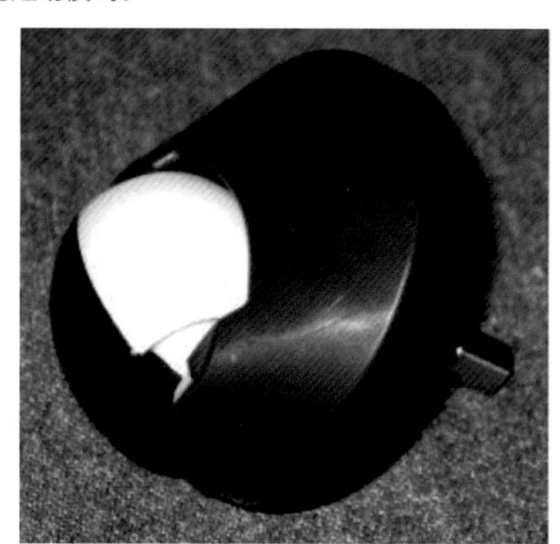

机器智能级别

对于小 Rodney，Alpha 级机器会尝试随机运动模式，直到机器人发现前进或后退模式（再次说明，只有这两种模式有潜在量值），这就像是尝试过程中的一种基本反射，看看它到底怎样才能实现目标。

这个“目标”可以看作是机器人在给定区域内所能移动的最大位移，同样，这对于机器人探索世界来说是个不错的策略。

“Beta”级机器智能的特点在于记忆。也就是说，对于一个给定的运动模式，当机器人在探索前进或后退的过程中会记住成功的处理，下次当它在这种模式下突然停止时就会采用该处理方式。

如果处理方式仍然成功，那么它会增加操作的可信度，失败则降低可信度。Beta 智能可以记住成功的操作，并且在以后出现的相同情境中加以使用。

“Gamma”级机器智能的特点是处理情况不明的信息。当机器人在运动模式下突然停止，并且对该模式没有记忆时（无 Beta 操作），它会在恢复到 Alpha 级操作（随机 / 反射操作）之前从其他运动模式中尝试高可信度的 Beta 级操作。

按照 Alpha、Beta 和 Gamma 级机器智能的顺序，机器人学习最大量值运动模式的速度越来越快。

构建模块

为了制造小 Rodney，我使用了一个旧的桌面机器人，它是自制机器人俱乐部制造的“The Club Bug”的一部分。

基本设计是将两个连续转动的伺服马达夹在两个 4 寸塑料圆盘（从 TAP Plastics 购买）之间，机器人由 Arduino Uno 控制，并使用一节 9 伏电池。只是让桌面机器人动起来的话，这是一个很常见的设置。

两个轮子是从飞机模型上卸下来的，也可以从 Parallax 或 Pololu 购买伺服轮。你甚至可以在瓶盖上安装伺服机摆臂做成任何形式的轮子。只要确保它不太滑，方便牵引即可。

机器人的后半部分由 Shapelock 制成。如果你以前没用过这个，那么你一定会喜欢上它。Shapelock（InstaMorph、Friendly Plastic，或其他任一品牌）是一种低温热塑性塑料。把它放入水中或微波炉一两分钟就会变成小珠子，这些小珠子具有可塑性（热的，并且可塑）。

冷却之后，它就变成了硬质塑料，继而再进行必要的再加热和重塑。总之，我用这种材料在机器人后部固定了 Roomba 失速传感器。

操作完成后最好用筷子把 Shapelock 弄出来，因为它会与塑料黏合，而且不必使用太好的银制品。

这个项目的优点在于几乎所有桌面机器人都可以使用这种方法，如 homeBrew、BoeBot、

LEGO、Arduino 等，基本上你只需加上 Roomba 失速探测器（我更喜欢称之为移动传感器）并监测机器人是否向前或向后运动。

小 Rodney 的移动传感器与销钉 2 连接。伺服信号线与销钉 3 和 4 连接。机器人会查看移动传感器（销钉 2）的状态，看它是升高了还是降低了（我设定为“0”[停止]）。

接下来，机器人将决定移动传感器是否振动。如果振动了，它会继续当前的运动模式。如果没有振动，它会尝试另一个随机运动代码（0 ~ 8），然后再次查看移动传感器（销钉 2）的状态是变高还是变低，再次决定移动传感器是否振动（上下振动）。如果振动，它还是会继续当前的运动模式；如果没有振动，再尝试另一个随机模式（0 ~ 8），如此反复。

配件清单
Arduino Uno - Digi-Key #A000066 - 28.28 美元
TAP Plastics 4 寸亚克力圆盘 - 2.05 美元 / 个（2 个）
Dave Brown 简装轮 4-1/2” - 9.95 美元（2 个）
Shapelock, 250 克 - 14.95 美元
Roomba 500/700 系列带传感器的前轮 - 25 美元 购于 eBay
价格仅供参考。

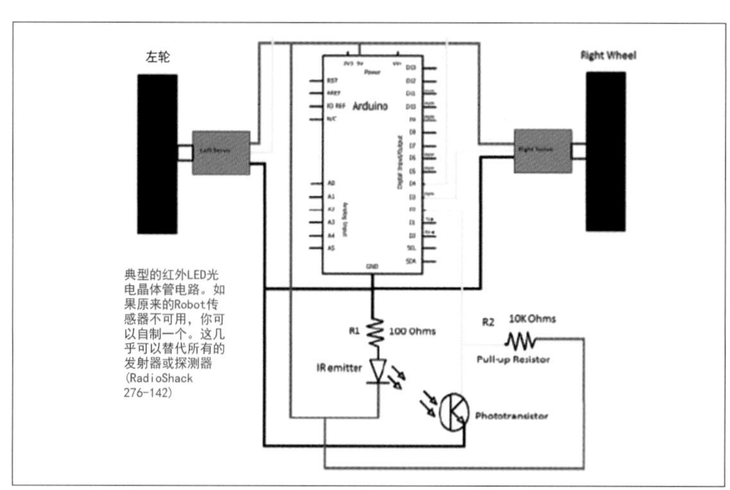

这种状态可以认为是机器人在一次次地思考着改变，当它查看其当前状态时，记住此时的处理方式，再次查看当前状态后，它会与之前的“当前状态”进行比较，然后基于两种状态是否相同来执行操作。

在 Beta 和 Gamma 阶段，小 Rodney 记住了它执行的成功处理，并在适当的时候加以使用。在 Alpha 阶段，它则不断地使用随机动作。

有关如何自由制造桌面机器人的想法，网络上有大量的相关内容，也可以查看我“资源”一栏中写的文章——ProtoBot 和 Amoeba。

这篇文章不是教你如何制造一个“机器智能”机器人，而更像是为那些有兴趣探索人工智能和机器人的人们所写的指南。

你可以使用带传感器的 Roomba 脚轮，因为它自带的支架能够安装发射器或传感器。eBay

上的售价大约 25 美元。如果脚轮没有传感器也不用担心，可以用红外发射器或光电晶体管代替。

基本上，安装发射器和探测器的目的是当检测到脚轮或编码器轮转动时，它会由黑色变成白色。你可以从 Arduino IDE（集成开发环境）的串口监视器中看到这一状态。我的安装在 homeBrew 中。

R1（发射器的电阻器）应该足以限制电流，以防熔化 LED。一般来说，公式是正向压降减去电源电压，即 5V−1.5V=3.5V（电阻器需要降低的电压值）。

然后再除以连续电流 150 毫安（对于一个小型二极管来说这个电流太大了，通常 LED 的电流约为 20 毫安）。

计算得出的电阻值为 23.33 欧姆。我尝试使用 100 欧姆的电阻，可以看到红外线光。当我转动轮子时，还触发了探测器。最后，我将 150 毫安电流减少到 30 毫安。

R2（探测器的电阻器）应该是探测器的最大电阻（呈黑色时），通常是 10000 欧姆。从 RadioShack 购买的电阻测量值为 13000 欧姆，我最终尝试使用 10000 欧姆的电阻，因为这已经足够了。

还要注意的是光电晶体管（即探测器）是反向偏置的，也就是说阴极连接“+”，阳极连接“−”。

请务必检查你自己的规格说明，因为参数可能会有所不同。当然，你无法“看到”红外 LED（因为它不在红外光谱上）。但是，你可以通过手机上的数码相机进行查看。

软件

在软件方面，首先需要加载 servo 库，然后初始化变量（标准的 Arduino 变量）。将 mobility_sensor 设置为 digital pin 2。初始化 mobility_read 变量，然后初始化 mobility_read_past。

接下来，初始化 stall_ticks、MotionCode、PastMotion、Confidence 和 MemArray。仔细通读文章连接中给出的代码样例，你会看到机器人是如何思考和学习的。

程序的第一项操作是读取移动传感器的当前状态——1 或 0，然后以随机模式或按“代码”来转动脚轮。再次查看移动传感器是否发生变化。如果未发生变化，则将 stall_ticks 增加一个单位，直到到达定义的阈值（我将阈值设置为 100）。

最终，机器人将发现向前或向后两个方向（只会在这两个方向上产生有效位移），可能还会有一些机动的空间，以便移动传感器可以在 0 和 1 之间摆动（即运动）。只要移动传感器保持运行，机器人就能够工作。

你可以通过抬起机器人并转动脚轮来检查这一点。无论脚轮以哪种运行模式转动，都将保持该模式，直到停止转动脚轮。还可以通过 Arduino IDE 中的串口监视器来查看移动传感器针的状态。当转动脚轮时，它应该在 0 和 1 之间切换。

小 Rodney 目前处于 Beta 阶段。当左轮或右轮向后移动时（代码 2 和代码 6），有时移动传感器无法检测到这种移动。这实际上很有趣，因为它仍然能够完成在笔周围或其工作范围内移动最大距离的目标。

Junior 可以向前移动，并轻微转向，然后可以按照记忆中的成功运动模式继续向前移动（代码 4）。

你可以通过调整“stall ticks”来微调小 Rodney 的灵敏度。此外，我必须拆除“降低可信级别”组件，因为当 Junior 学会向前或向后移动后，最终当它遇到栅栏时会前功尽弃。

当穿过一段较长的距离时，Junior 需要对“成功”做出定义。

最后，我们需要达到 Gamma 级别，也就是说，Junior 将根据其他成功的处理来得出结论，而不是再回去执行 Alpha 行为（随机）。因此，像大多数机器人项目一样，此项目尚未完成。但这没关系，因为当机器人接管我们的工作时，我们的任务就完成了。

后续展望

很快我会再写一篇关于 Rodney Jr. 向 Gamma 级别前进并整合“距离级别”（distance level）的文章。我希望在 Junior 中加入的功能包括电池感应、自动充电、光传感器、话筒、扬声器（音频输出），或许还会有新目标，例如追球、巡线或沿着墙壁前进。

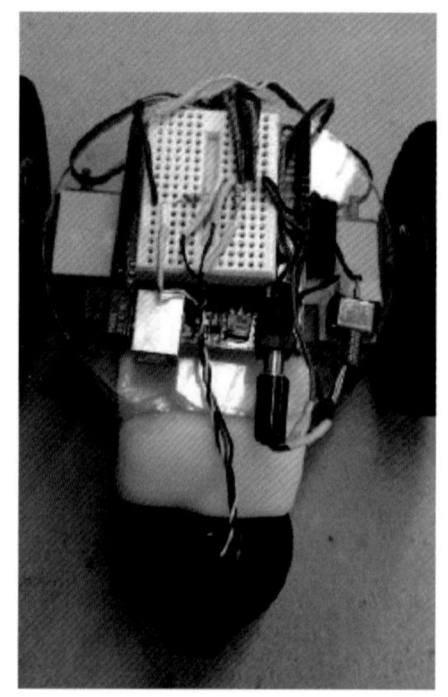

我会将这些功能添加到学习模式中，让机器人跟踪更多变量，而不仅仅是移动探测器，并且除了驱动电机之外还会产生更多的输出。

这并不需要对 Junior 进行大量编程，而是让它自己与这个聪明的小家伙进行交互。

我通常会在 Arduino 上放置一块免焊万用电路板，以便可以插入插座。这里，servos 上的电源是内置 5V 电源，像发射器和探测器一样。

使用桌面机床制作机器人

Gordon Mc Comb 撰文　赵俐 译

在各种类型的机床中，铣床和车床在功能和样式方面一直稳居榜首。几十年来它们一直被用于产品制造；实际上，全世界的工业经济在很大程度上归功于铣床和车床。从历史上看，这二者在尺寸上都属于大块头，重量超过成年人的平均体重，有些还需要特殊的电气连接。

下面就让我们来了解一下桌面机床工具。

它们的功能类似于你在大机械工厂中看到的那些设备，只是尺寸较小，价格也较低，是机器人业余爱好者和教学机器人创客的理想之选。创客们已经使用桌面铣床和车床很多年了，但这对于机器人创客来说相对较新。

还有一点很重要，最新的桌面机床工具要么在出厂时就配备了计算机控制，要么就很容易被进行这样的改装。利用 CNC（计算机数字控制）车床和铣床，可以将一个设计文件加载到 PC 中，从而让其完成大部分或所有的复杂加工。

在本文中，我们将详细讨论如何使用桌面机床工具。你会发现有哪些工具可用，以及这些工具可以用来做什么。作为工业铣床和车床的小型版本，桌面机床显然不会为你的雪佛兰汽车制造新发动机。然而，它们非常适合生产小型机器人。

下面让我们进入正题。

桌面机床工具是什么?

首先，看一些定义：

· 车床用于旋转一个零件并用刀具切削，通常用于将方形或圆柱形材料切削成某种有用的形状，例如将一根线材的一端加工成特制套管或丝扣。在多数情况下，等待切削的材料在水平机床上旋转，同时用一个可移动（但不旋转）的刀具来接触材料并将其切削成所需的形状。

图 1 显示了 Sherline Products 生产的一个常用桌面车床。

· 铣床看起来就像是一台竖着放的钻床。实际上，它就是一台钻床。然而，典型的桌面铣床的精度和控制要比钻床高得多。铣床并不只是上下钻削，物料在铁床上可以水平移动。这使得铣床可以切削出复杂的形状，而不单单是钻孔。

图 1　这台桌面车床是由 Sherline Products 制造的，其尺寸正好适合业余爱好者和教学机器人的制作

可以使用桌面机床加工的材料

由于桌面铣床和车床使用非常锋利的刀具，因此可以使用它们将各种材料切削成机器人零部件。铝是一种常见的材料，它具有很高的硬度。铝材包括各种厚度的铝板、铝条、铝管和铝棒。图 2 显示了在桌面铣床上用铝制作的一个“永动机”项目。

即便是一个简单的机器人也需要基本的制作工具。机器人越复杂，所用的材料越特殊，所需的工具也越复杂。除了锯、钻、扳手、螺丝刀和其他常见的机器人制作工具之外，还需要更精密的工具：能够生产高精度和专用零部件的机床。

图 2　铝是用桌面车床和铣床加工的主要材料

铝板可用来加工各种零部件。

纯的铝材是很少用到的，多数情况下我们使用的是铝合金(通常是铝镁合金或铝硅合金)，以改善金属的性能。用于机械加工的常见铝合金是 6061。铝一般经过热处理或用各种化学溶液进行处理，以改变其属性。

例如，6061-T6 是指一种经过回火的铝合金，其具有更高的硬度。回火铝合金的缺点是硬度更高，难以切削和钻孔，因此需要更长的机械加工时间。

虽然铝是桌面机械加工的常见材料，但它并不是唯一选择。你也可以选择其他轻质金属，如黄铜、锡或铜。使用这些金属可以使机器呈现独特的外观。例如，抛光黄铜可以令机器人呈现出“蒸汽朋克”式的外观。

除了铝之外，不锈钢和钛也可以进行切削。桌面机床与全尺寸机床在切削材料上的唯一区别就是物料量（切削深度）和材料切削率（进给速率）。

在桌面机床上，切削深度和进给速率肯定较低，因为你是在一台更小的机器上工作。

如何选择桌面机床的制造商

桌面铣床、车床和数控雕刻机的制造商有很多。最受欢迎的桌面铣床和车床制造商有：

Flashcut CNC www.flashcutcnc.com MAXNC www.maxnc.net

Minitech www.minitech.com Sherline www.sherline.com Taig www.taigtools.com

这些制造商的产品价格和特性各自不同。如果你想购买一台桌面铣床或车床，应尽可能从制造商处了解相关信息。通常一台做工不错的工具的起始价格约为 500 美元，购买之前应做好投资考虑。记住，并非所有桌面工具都相同。价格随精度、功率、尺寸和保修条款的不同而提高，因此应事先做好相应的购买决定。

在使用适当刀具的情况下，如镶硬质合金刀具和陶瓷刀片，在桌面机床上可以扭转或铣削较硬的材料。

还有很多塑料，例如尼龙、乙缩醛（缩醛树脂）和 ABS，很适合用桌面机床来加工。塑料比金属软，因此切削速度更快。对于很多不需要高硬度的机器人来说，塑料通常是更好的选择，因为可以更快地制作零部件，而且刀具的磨损也较小。

最后，别忘了还有木料。虽然机床工具多数用来加工金属零部件，但对于小型机器人来说，木头仍然是一种最适合的替代材料。尤其是硬木，例如橡木或白蜡木，不同尺寸和形状的木料很容易买到，而且价格合理，硬度适中。松树、冷杉及其他软木可快速制作小型轻质机器人部件，这些木料很容易从当地的家装商店买到。

准确度与精度

车床和铣床的核心功能是对零部件进行精确钻孔、切削和塑型。机床上的手轮、刻度盘、游标和准确的进给丝杠允许精确地移动刀具（或要切削的材料），每次移动能够精确到很小的距离。与使用钻床不同，机床的刀具可以一次移动零点几英寸，而钻床在旋转手柄时，一次会移动钻头几英寸。机床的精度更高，与普通工具相比，所生产的零部件在切削和钻孔方面的精度要高得多。

虽然精度和准确度是机床的标志性指标，但需要反复练习才能有效使用它们。车床基本概念的学习可能需要一下午时间，而铣床则需要一到两天。像任何事物一样，车床的操作也只能靠熟能生巧。准备好若干个周末练习使用你的机床工具吧。在开始一个完整的机器人制作项目之前，应先尝试制作一些简单的部件。可以在网上搜索一些简单的项目。这些项目往往有绘制好的方案图，练习的时候应将它们打印出来并放在手边。阅读加工图也是学习使用机床工具的一部分。随着时间的推移，你将能够制作出更精密的部件。

使用计算机自动钻孔和切削

并非每个人都有时间或意愿成为桌面铣床或车床的专家。大部分加工过程都可以通过增加计算机数控来实现自动化。你完全可以不必手工调节机床上的手轮，而是通过计算机指令来驱动电机，从而替你完成这些操作。计算机会读取切削指令集，然后相应地操作电机。

你可以购买一台带有数控部件的桌面铣床或车床，或通过添加所需的步进电机、接口电路和软件来升级现有工具。很多出售机床工具的商家（如 Sherline）都会提供改装配件，你可以自己安装这些配件（参见图 3）。

注意，通过旋转手轮上的曲柄，可以手动操作这台车床。

CNC 数控机床的核心是用于控制电机的软件。软件读取标准的计算机辅助设计（CAD）文件，并据此来驱动连接到机床的每个电机做出增量运动。

图 3　这是 Sherline 生产的一台数控车床，它包括 PC、接口电路和电机。

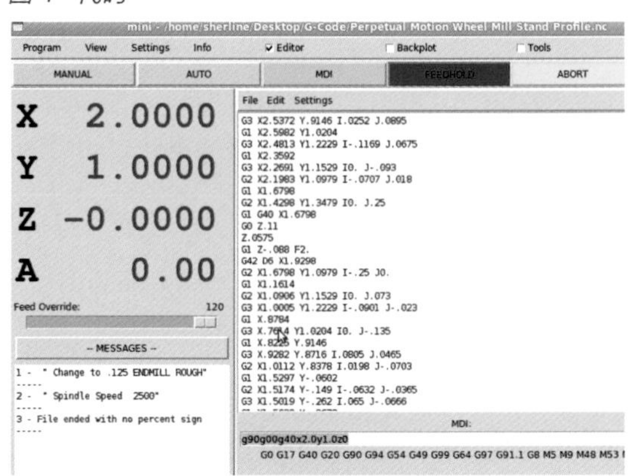

图 4　代码

数控机床最常使用一种称为“G-Code”的标准化语言。G-Code 是一种人类可读语言——其指令是使用纯文本编写的，而且可以使用任何文本编辑器进行必要的修改。图 4 显示了一个在数控机床上运行的 G-Code 代码程序的例子。

如图 4 所示，当使用数控车床时，零部件根据一组 G-Code 序列指令进行切削。

虽然代码语法看起来很复杂，但实际上相当简单，只是由一些基本的命令组成。

数控车床或铣床的两个优点

这些车床或多或少可以独立运行，因此你可以分身去做其他工作。要花费多少时间留意加工过程取决于你正在加工什么。例如，当使用铝时，应定期添加切削油，以保持润滑（可以通过在铣床或车床上安装自动注油器来自动加油）。可能还需要定期停止机床以更换钻头的尺寸或型号。

使用数控机床很容易复制零件。计算机消除了手动操作铣床或车床时的人为错误，可以得到更好的零部件复制品。

这是数控机床的优势；我们再来看看不利方面。铣床或车床的完整数控包，包括专用计算机和软件，可能会增加几千美元的成本。你可以使用现有 PC 来节省成本，但并非所有新型计算机都能够控制步进电机。很多系统要么依靠旧的并行打印端口来控制步进电机，要么需要一个定制接口来连接计算机与步进电机。

购买之前先试用

现在“创客专区”变得越来越流行，在这里，只需花很少的工本费即可获得各种加工机器的租用时间。大多数这样的公司会要求你证明自己已达到操作机器所需的最低水平，或者事先参加培训课程。在大多数创客专区中，车床和垂直铣床都是比较常见的设备，只是机器的尺寸有所不同。一些专区配备了全尺寸机床，而一些则提供了较小的桌面机床。

你可以利用这些专区在投资购买之前试用车床或铣床。培训课程也大有裨益，既可以帮助你发现购买这些机床的好处，也可以边学边练。有专家在旁边答疑是非常有帮助的，这将大大加快你的学习进程。

如果你附近没有这样的专区，可以考虑参加一些桌面机床论坛。或查找一些可以前往的本地小组，观摩别人的操作并咨询问题。

桌面铣床和车床的典型用户包括技师、铁道模型爱好者、R/C 飞机和赛车爱好者。不妨参加一些在本地举办的相关展览和博览会，这是建立人脉联系的大好机会。

第 17 届机器人世界杯：机器人对阵罗纳尔多

Holden 撰文　Berry 赵俐 译

足球这项迷人的运动，虽然早已风靡全世界，但近来在美国的发展势头尤为迅猛。过去 10 年，凭借在连续两届世界杯中的不俗表现，外加美国职业足球大联盟（MLS）的兴起，点燃了全国上下的热情，西雅图和波特兰等球队已打破观赛人数记录，比赛盛况直追世界上最大的足球场，例如曼彻斯特的老特拉福德球场或墨西哥的阿兹台克体育场。

自打蹒跚学步起，我就是一个足球迷。学会跑之后，我就学会了带球，每次踢球和看球的机会我都不会放过。足球在美国的兴起令我感到惊讶，特别是奥兰多城队即将加入美国职业足球大联盟，这支刚刚崛起的球队离我仅仅有几千米。

足球的发展不仅改变了我们踢球和欣赏球赛的方式，而且激发了机器人专家的新灵感。

1997 年，国际象棋世界冠军加里 · 卡斯帕罗夫败给了 IBM 的深蓝——一台 AI 超级计算机。这一成就令科学家们惊叹不已，因为国际象棋一向被认为是策略和智力的较量。不久之后，一群机器人工程师和科学家在日本相聚，参加人工智能国际联合大会，他们为 AI 机器人制定了下一个目标。他们要建立一支仿生机器人足球队，并计划在 21 世纪中期击败当届世界杯冠军，这个看起来不太靠谱的设想离我们已经为时不远了——还有 17 年。

自从 1997 年首届机器人世界杯以来，这场赛事每年举行一次。第一届有 40 个队伍参赛，但现在 40 多个国家 / 地区派出了代表队，共有 2500 多人参与了从救援任务到家居设置的各项赛事。然而，足球联赛一直是所有活动当中最热门的赛事。

2014 机器人世界杯德国公开赛上一位参赛者在检修他的“青少年组”机器人

参赛者可以从 5 个不同的组中选择一个来参赛，这 5 个组是：仿真组、小型机器人组、中型机器人组、标准平台组和类人组。仿真组不涉及实际的机器人，它关注的是人工智能和

比赛策略的开发。参赛双方各有 11 个自主软件程序，分别代表 11 位球员，它们在一台中央服务器上进行比赛。

小型组和中型组的参赛机器人装有轮子和空气炮，机器人队友之间互相配合进行比赛的争夺。场上的所有物体均通过一个标准化的视觉系统进行跟踪，该系统处理由两个摄像头提供的数据，摄像头安装在场地上方几米高的横杆上。

2014 巴西机器人世界杯上，两个中型组机器人在踢球

球迷在观看两支中型组比赛

一位参赛者与他的中型机器人在一起

一个标准平台机器人球队在下载软件

www.RoboCup2014.org
http://thebangladeshtoday.com/featured-page/sciencetechnology/2014/07/RoboCup-2014-is-the-world-cup-for-robots/

称为“SSL-Vision”的视觉系统是由联盟社区维护的一个开源项目。场外计算机向机器人选手发送裁判命令和位置信息。这些计算机通常也执行协调和控制机器人所需的大部分处理任务。无线信号通过商用 FM 发射器和接收器传递。小型组和中型组的唯一区别就是机器人的高度，中型组机器人高度为 80 厘米，大约是小型组机器人的二倍。

2014 巴西机器人世界杯上，两个标准平台组球队在比赛

标准平台组的机器人看上去有点像人类的外形。每支球队都使用相同型号的机器人，唯一的区别就是软件的不同。这些机器人用两腿站立，在场地中活动，并且完全自主地操作，通过无线连接与队友之间通信并接收裁判指令。

目前，标准平台组采用的是 Aldebaran Robotics 生产的 H25 NAO 机器人。这些机器人每条胳膊和腿上有 5 个关节，手指有 1 个关节， 颈部有两个关节。机器人头上安装有两个摄像头，用以感知周围环境，此外胸部还安装有一个声纳传感器，用于测量与其他物体（其他选手或球）的距离。类人组的开发人员为他们的机器人设计了更大的自由度。

类人组中的孩子组机器人在踢球

两名参赛者在调整他们的机器人和软件，以战胜对手

所有参加类人组比赛的机器人，从孩子组到成人组

在这个组中，机器人专家必须设计仿人的机器人身体和软件。这个组又被划分为 3 个小组：孩子、青少年和成人。这三个小组之间只有很少的区别。

孩子组的球队由 4 个机器人组成，它们的高度必须在 40 ~ 90 厘米之间；青少年组的球队由两个机器人组成，但机器人的高度可介于 80 ~ 140 厘米之间。成人组由最像人类的机器人组成。它们的高度是 130 ~ 180 厘米，但它们互相之间并不抢球，而是轮流射门和守门。尽管这些机器人行动缓慢，而且行走不稳，但与 1997 年创立比赛时相比，技术上已经有了长足的进步。

现在，你可能会想“好极了。机器人可以踢足球，但这和我有什么关系呢？”当然，会踢足球的机器人并不是一项特别有用处的技术应用，但这些人形机器人中的许多概念和机制可以在人类生活的很多方面得到应用。

在一年一度的机器人世界杯赛上，科学家们通过他们制作的机器人展示了大量成果和进展。这其中包括人工智能的进步、运动跟踪、通用力学和运动的流畅性，以及无数其他方面。这些技术随后可用于其他一些领域的开发，例如自动驾驶车辆、搜救技术以及像 Siri 这样的人工智能计划。因此，如果机器人最终能够战败世界杯冠军，这对于全世界所有像我这样的铁杆球迷们意味着什么？机器人是否会成为人类运动的终结者？

不必杞人忧天。首先，机器人要经过无数年的发展才能跟得上拉希姆 · 斯特林、罗纳尔多或加雷斯 · 贝尔等人的奔跑速度，而奔跑只是踢球的开始。足球是一项快节奏的运动，有时需要在零点几秒内做出战术决策，还有一些常见的花招和假动作，在相当长一段时间内，机器人都无法赶得上人类。

当机器人追上人类的时候，我认为这会促使人类做得更好。我们已经看到，梅西和罗纳尔多在相互的激励下都有了更大的进步。他们都想争得“当世最伟大球员”的非正式称号。

如果机器人进入了足球比赛，人类必定会将这项游戏调整和进化到更高的级别，而且可能会改进这项伟大运动的战术和策略。

利用 Actobotics 实现自动化

Jürgen Schmidt 撰文 赵俐 译

作为机器人发烧友，我们都喜欢制造格斗机器人、巡线机器人和一些吓唬小猫小狗的机器人。但我们真正需要的是能够打扫房屋、叠衣服、除草以及让我们从各种家务中解脱出来的机器人。因此，如果可以通过机器人技术简化一些枯燥的任务，我认为这就是最大的成功。

图 1 基于 Actobotics 的带有控制器的电线测量和切割机

背景

每个认真的“创客”都曾经制作过自己的工具。有时这可能只是简单地把一把螺丝刀磨薄以便拧一个螺丝，也可能复杂到制作一台定制的数控雕刻机来切割机器人零部件。我有一套小的生产系统，用于为我自己和客户生产一些小零件，当我遇到一些简单、重复性的任务时，我会说：“我可以训练一只猴子替我做这个”，但我仍然选择自己完成这些任务，因为养猴和驯猴是一件麻烦事。然而，就在这些无聊的任务令我的思维变得麻木之前，突然灵光一闪：“我可以造一台机器来做这个！”就在我的双手继续重复着这些简单任务的同时，我的大脑零部件已经开始运转——设计我的下一个项目了。

图 2 我最初在 2003 年设计的基于 Meccano 的电线测量机器

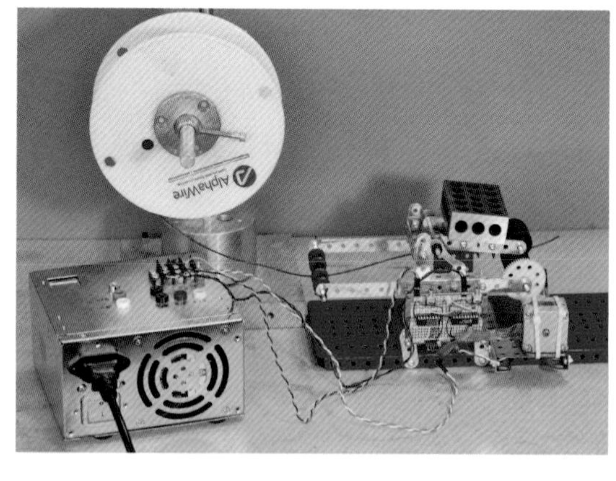

在这个例子中，任务是测量和切割电池导线，如图 1 所示。几年来我已经做过成千上万根导线，都是相同的长度。我并不想花太多时间设计和制作这个机器，因为我的目标是节省时间，而不是开始一个新的开发项目。此外，还有一堆订单等着我去填写。当构思完成之后，我画出了机械原型装置图（即 Erector 装置）然后就去工作了。

在成长过程中，我有过很多积木玩具。最开始是木制积木，后来是万能工匠（ThinkerToy）和乐高积木（LEGO），最后是 Märklin Erector 装置。Märklin 装置有齿轮、轮子、轴、梁以及充分激发我的创意的其他零部件。这些玩具伴随我渡过青少年时期，但后来我转移了兴趣。

当几十年前我对机器人技术产生兴趣时，我曾试图找到那个古老的 Erector 装置，但遗憾的是，在多次搬家的过程中它丢失了。德国的公司不再制造这样的装置，但类似的零件可以从英国（现在是法国）的 Meccano 公司买到。我通过易 eBay 淘了一批不错的零件，并组装了各式各样的机器人——其中的一些在我家的猫看来可能毫无用处。

当我制造电线测量机器时，这自然成为可利用的资源。最后的结果如图 2 所示，我在 YouTube 上传了一个实际操作的视频，网址是 http://youtu.be/ykguK0ylfCM。

我已经不记得这台机器最初是何时制造的，通过查看驱动机器的处理器的源代码，我发现自从 2003 年我就开始使用它了。机器的基本原理是通过一些齿轮将一个由微处理器驱动的步进电机连接到一个橡胶轮。用一个滚轮拉紧缠绕在橡胶轮上的电线，每次我按下按钮时，步进电机会转动固定的步数，然后我就可以剪断统一长度的电线了。

这个系统工作必须得足够好，但每次我使用它时，总是会思考可能的改进。不过这些改进一再被推迟，因为它们并不是真的很重要，而且这台机器的使用也是断断续续，总是会被其他的事情打断。不久，我接到了一个新项目，这个项目需要一台更灵活的机器。原有机器的缺点是：

1. 它不会切割电线；

2. 没有一体化的绕线盘；

3. 不能计算已测量的电线的数量；

4. 如果要改变测量电线的长度，需要对处理器重新编程。

新项目需要各种长度的电线，因此是时候升级我的机器了。当考虑升级时，我想到的第一个问题是“是应该尝试改进原有机器，还是做一台新机器？”

选择工具箱

在使用 Meccano 零件制作机器人原型的过程中，我发现了一些局限性。最大的一点是这些零件是用低碳钢制作的，重且易断。此外，其轴承采用了不常见的 4.08 微米规格，无法安装标准的电机，而且无法使用滚珠轴承。虽然我可以将我的硬件全部升级为 Meccano 零件，但我还有其他一些正在构思的项目无法使用 Meccano。于是我决定重新设计，这可以帮助我积累一些新的构造体系的经验。

通过阅读《Nuts & Volts》杂志和《SERVO》杂志，我了解到几种可选的机器人构造体系。为了选择一种最适合我的，我列出了几条原则：

1. 零件必须坚固且足够轻便，这样才能制造实际使用的机器人，而不仅仅是样品。

2. 构造系统需要友好地兼容“外来”部件，以便使用其他制造商生产的电机和齿轮。

3. 我必须能够购买独立的部件，而不是预先选择套装（通常这会很贵）。

4. 我要创造自己的电子产品，因此这个领域的现成的厂商产品不在我的考虑范围之内。

很自然，我首先开始浏览《SERVO》杂志中的所有广告。然后，在互联网上搜索，我发现了很多厂商和工具，这些东西令我非常激动，就像小时候收到圣诞礼物或生日礼物时一样。看上去只有一个厂商的产品符合我的要求：来自 ServoCity 的 Actobotics。他们有各种各样的零部件，在线目录展示了很多零件的用法图片，我可以根据自己的需要订购任意数量的零件。于是我订购了一部分结构部件、电机、传动杆、轴承、齿轮和一个硬件工具包。

到货之后，我发现铝制结构部件非常坚固且轻便。硬件的装配使用 6-32 六角头螺丝。各个部件的螺纹贯穿孔的尺寸恰到好处，很少需要使用螺母去拧紧。如果你使用过 Erector 装置就会知道，经常会有螺丝在一个别扭的地方突出来，为这些螺丝拧上螺母是很费力气的事情。

为了找找感觉，我将各种部件进行了一些组装，看看哪些零部件可以用到我的新机器人上。我发现塑料齿轮有点小问题，它太紧了。一些类似规格的 SDP-SI 齿轮工作得很好，因此我知道我的设计没问题。我记录并将此问题报告给 ServoCity，几天后我收到了换货后的齿轮（谢谢 Brian！）。

显然，原来的齿轮未正确切割。实际上，我不需要任何齿轮，但我确信它们将来迟早会派上用场。图 3 显示了我将新部件分类放到塑料盒子中。上面两个盒子里是我做完新的电线切割机后剩下的 Actobotics 零件。左下角的盒子是多年以来我积攒的 6-32 硬件，右下角是我的一些工具。

在试玩（抱歉，应该是使用）Actobotics 部件一段时间之后，我又找出了其他一些部件。我有一些来自 SDP-SI 的 6.35 毫米滚轮，还有齿轮、从其他地方拆下来的步进电机，当然，还有 Meccano 部件。当我寻找能够与 Actobotics 一起使用的部件时，我还发现了一些推拉门的滚轮和 6.35 毫米孔径的轴承。6.35 毫米部件正好可以安装到 Actobotics 轴上。Actobotics 支持几种轴径，最常见的就是 6.35 毫米（比 Meccano 4+ 毫米轴更牢固）。

图 3　Actobotics 部件、一些其他的硬件和工具

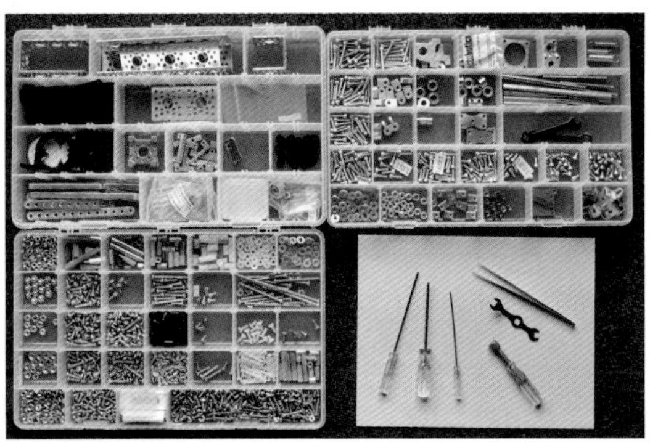

我将一些 Meccano 部件与 Actobotics 部件进行了对比，有了一些令人兴奋的发现：大槽中有几个小孔可以安装 Meccano 轴；一些槽孔正好与 Meccano 孔对接；而且 Meccano 扳手正好可以用来拧 Actobotics 的方形螺帽。我的一些 Meccano 零件正好可以在将来的 Actobotics 结构中派上用场。

新的设计

在证明选择 Actobotics 部件制作新机器是一个英明决定之后，我开始规划设计。核心机制是进料。当我准备从 ServoCity 购买第二批部件时，还从 SDP-SI 订购了一些橡胶进线轮和一些新的步进电机。我预测了一下扭矩，估计最后扭力可能太大了，但扭力大有什么不好呢，对吗？

图 4　电线进料图

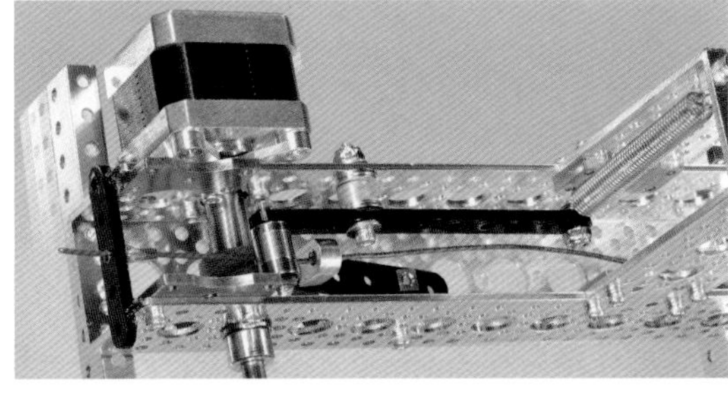

图 4 显示了电线在切割机中的基本走线。在右侧可以看到连接到黑色紧线器的弹簧。紧线器左端使用一个银色的圆筒作为惰轮，这个圆筒是磁盘机滚珠轴承的废物利用，其孔径的尺寸正好可以用上 6-32 螺丝。电线通过各个导轨从右向左到达进线轮，进线轮通过 5 毫米 -6.35 毫米的传动轴接头直接连接到一个 40 扭力的 NEMA-17 步进电机。电线被传送到一段铜管中，然后置于切割器的刀口下。铜管和塑料横梁使用我最喜欢的一款粘合剂 Amazing Goop（参见侧边栏）粘贴在一起。

图 5 显示了安装在进料通道上的切割器和绕线盘。我选择了一个简单的剥线器作为切割刀，并去掉了塑料手柄和固定螺钉。最初，我原打算使用一个小的铁丝钳来剪断电线，但我没能找到可方便安装的铁丝钳。随后，我尝试使用剪刀。我使用的菲斯卡剪刀在去掉塑料手柄后，有一些可供安装的孔。然而，电线固定不稳；它不断地从刀口下滑出去。

图5　组装好的 Actobotics

最后，我使用了一个旧的剥线器，它带有两个有凹口的刀刃。凹口可以防止电线滑脱，只需拆掉线规调节螺栓，剥线器就变成了电线切割刀。瞧！

我买了一个新的剥线器，用硬质合金钻头在热处理钢上钻了所需的孔，并如图 5 所示进行了安装。最后装上了一台 76 扭力 NEMA-17 步进电机提供动力。资源中列出的视频演示了电机与切割刀之间的连接。

在上面列出的 4 项需求中，我已经解决了两个：一个电线切割刀和绕线盘固定器。另外两个需求，计算电线长度和轻松更改电线测量长度，需要通过控制器来解决。

电子系统

自从我为基于 Meccano 的电线测量机器制作了最初的控制器之后，我的技巧和备用零件的收集都有所增加。该机器包含一个 Microchip PIC16F84A，其连接到 DS2003 达灵顿驱动器，后者为一个四线圈单极步进电机提供动力，这个电机是我从一台旧的 IBM PC 软盘驱动器上拆下来的。此装置由 IBM PC 电源供电（在图 2 中可以看到），该电源能够为处理器提供 5V 电源，同时为步进电机提供 12V 电源。唯一的用户接口就是按钮，此按钮触发电机转动固定的步数，然后停止。

为了实现我的设计目标，新的控制器需要一个显示屏和几个用于更改操作参数的按钮。还需要控制两个双极步进电机。由于双极电机线圈的激活顺序比单极电机复杂，因此我将使用专用的控制器。最后，我需要一个微处理器来管理所有这些部件。

最后的主要部件包括：

- 通用 HD44780 型单行 /16 字符 LCD 显示屏；
- 两个 EasyDriver 4.4 双极步进控制器；
- PIC18F26K22 处理器；
- 各式按钮、端子和其他电子元件；
- 可焊接的模型板；
- 标准的 12V 2A 交流电源适配器。

原理图如图 6 所示，最后的装配如图 7 所示。

这块控制板没有什么魔法或高深科学。《Nuts & Volts》和《SERVO》杂志中的一些文章介绍了如何将 LCD 显示屏连接到控制器，互联网上也有很多信息可供参考。

EasyDriver 板很容易使用，因为它们消除了使用步进电机的复杂性。你只需连接电源，并将电机线圈连接到正确的端子，然后将三个信号连接到处理器。这些信号是：Enable、Step 和 Direction。此外，EasyDriver 板还有一个降压稳压器，因此电机和控制电路只需使用一个电源即可。有设置 5V 或 3.3V 的选项，用于不同型号的控制器。

图 6　控制器原理图

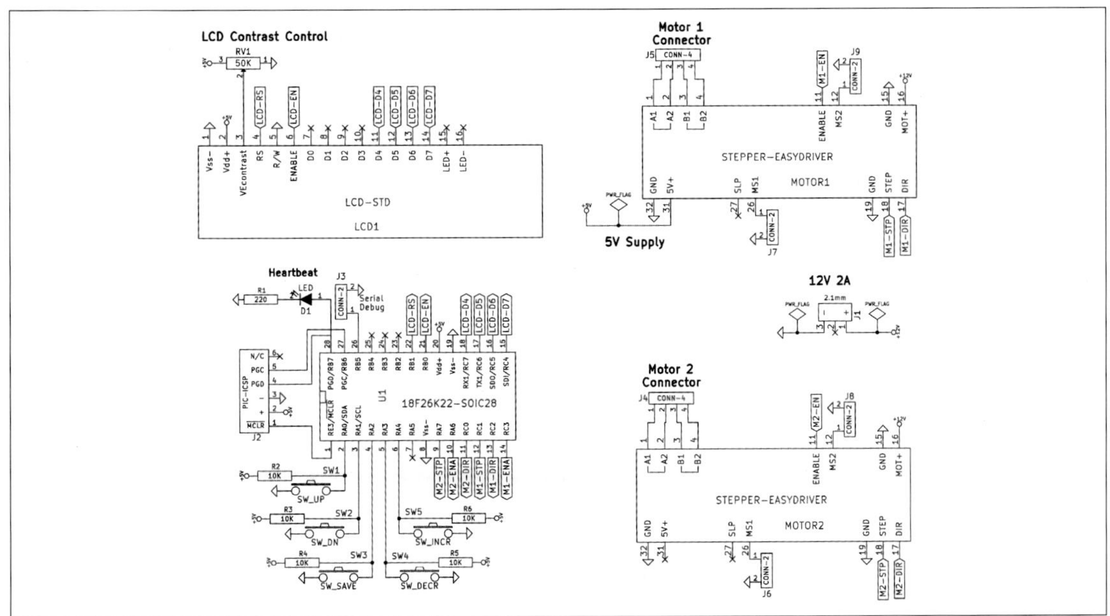

图 7　最后的控制板

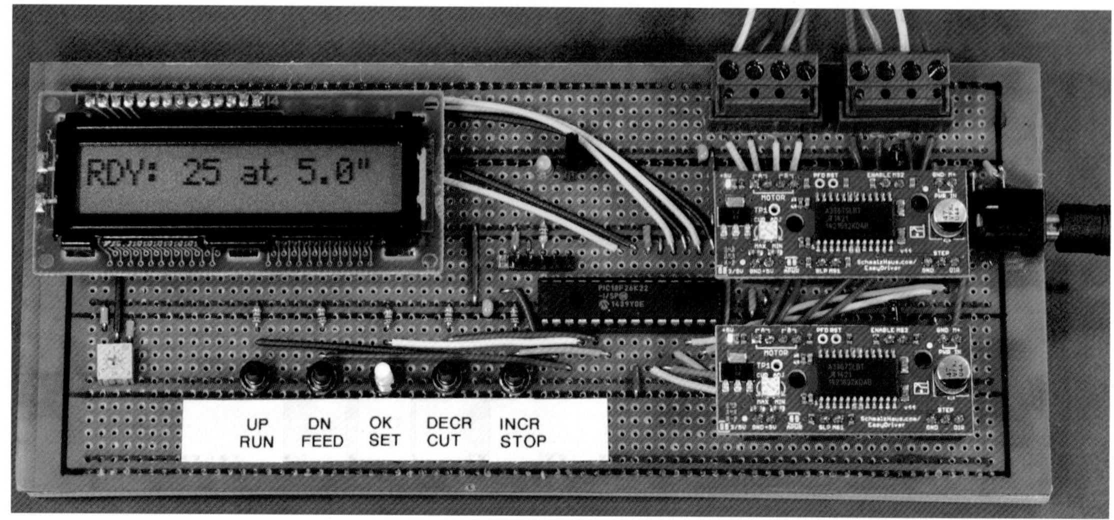

资源

Actobotics 硬件：www.servocity.com

76 和 40 扭力 NEMA 17 步进电机：eBay

橡胶驱动轮：www.sdp-si.com Part #A 7T 5-UR07525

EasyDriver 4.4：www.allelectronics.com Part #SMD-67

信息：www.schmalzhaus.com/EasyDriver

剥线器 / 切割刀：www.mouser.com Part #578-100X

通用 HD44780 LCD：Junk box

其他电子元件：手头部件

Amazing Goop：eclecticproducts.com

CCS PIC C 编译器：www.ccsinfo.com

Meccano 电线测量视频：http://youtu.be/ykguK0ylfCM

Actobotics 电线切割视频：http://youtu.be/qVjijZRdiTA

作者个人网站：www.jgscraft.com

我选择了默认的 5V，因为 LCD 需要这个电压。另外我选择了 PIC18F26K22，因为这是我后来一直使用的。我并没有利用任何特殊功能或外围设备。

由于 DIY 3D 打印机、CNC 路由器、Engraver、Egg 打印机以及其他运动控制项目的流行，Pololu、SparkFun 和其他供应商生产了多种步进电机控制板。我选择了 EasyDriver，因为它有降压稳压器、支持微步进，并且从这家厂商还可以同时买到所需的其他配件。

微步进是一个不错的特性，这可以非常精确地控制步进电机。大多数步进电机每转有 200 步，

或者每一步 1.8 度的分辨率。通过设置控制器上的微步进跳线，可以将传递给控制器的步进信号分割成 1/2、1/4 或 1/8 步，从而实现每转 1600 步的精度，或者每一步 0.225 度。一些控制器甚至能达到 1/16 步。

当选择微步进时，需要调整步与步之间的时序，以获得最大的功率和平滑度。我在其他项目中使用过微步进，在这里，我保持常规的整步，因为这可以为机器提供足够的精度。

软件

电路设计和软件测试是在一块模型板上进行的（先不焊接），目的是确保连接正确并测试一些基本的软件例程。最初的软件测试是将一个 STEP 信号序列发送到 EasyDriver。每个步进电机都有其最适宜的时序，因此我需要实验。如果 STEP 信号发送得过快，电机无法跟上。如果发送得过慢，操作将出现卡顿。如果观察一下代码，会发现每个电机都有不同的时序以获得最平滑的操作。我最后测试了用于驱动电机的两个子例程：Cut( ) 和 Feed( )。

Cut( ) 只是通过发出 200 步命令来完成电机的转动。我在下面给出了这项子例程的代码，您可以看到用 EasyDriver 控制步进电机有多么容易：

```
void Cut( void )
{
output_low( M2ENA );  // energize stepper
output_low( M2DIR );  // set direction of
                      // rotation
for( i=0; i<200; i++ ) {
  // one full revolution at full step
output_high( M2STP ); // send step pulse
delay_us( 1 );        // length of step
                          // pulse
output_low( M2STP ); // end of step pulse
delay_us( 1500 ); // allow time for
                      // motor to move
}
output_high( M2ENA );
  // de-energize motor since we don't need
  // to actively hold the position.
```

Feed() 由三部分组成：speedup、run 和 slowdown。这样做的目的是避免过度拉拽绕线盘。查看一下代码，你会发现对于 speedup 部分，步与步之间的初始时间是 1625μs；在一次循环中这会加速至理想的 1200 μs。这一加速消耗 1 英寸电线。

相应的 slowdown 部分反向工作，也消耗 1 英寸电线。Run 部分接收一个参数——参数值是进线长度（多少个 1/5 英寸）。如果 run 参数被设置为 0，则最短的电线切割长度为 5 厘米。

第三个子例程是 Settings( )，用于设置操作参数。共有 5 个按钮与 LCD 连接，用于显示、更改和保存各种参数。

我曾经在其他项目中使用过这种布局，它可用于具有多个层次和选项的复杂菜单。对于这个项目，只有两个设置：数量和长度。

在菜单操作期间，5 个按钮分别被标记为：Up、Down、Decrease、Increase 和 OK/Save。Up/Down 用于滚动菜单项；Decrease/Increase 用于更改值。按钮通常交叉放置，Save 按钮居中。我的电路板上没有空间了，因此它们被排列成一条直线。OK/Set 按钮用于进入和退出菜单。

当未处于菜单模式时，按钮具有专用的功能。Run 用于给料，并按照菜单设置的数量来切割电线；Feed 用于供给一个长度的电线；Cut 用于执行一次切割；Stop 用于中断通过按 Run 按钮启动的程序。有关完整的细节和注释，请参见文章链接中的源代码。此程序是针对 CCS PIC C 编译器编写的，但应该很容易将其转换为 C 和 BASIC 语言。

操作和结论

如图 7 所示，打开控制器后会显示其保存的设置，在这里，控制器已准备好切割 25 段电线，每段电线长度为 12.7 厘米。按下 RUN 按钮将开始这一过程。图 1 显示了完成后的机器，您可以在 http://youtu.be/qVjijZRdiTA 看到其实际操作。

在测试和记录期间，我发现过程很有趣，甚至可以说令人着迷，我迅速积累了一年的电线供货量。现在，我面临一项非常枯燥的任务——剥掉电线两端的绝缘线。虽然我可以训练猴子来完成这件事，但我仍然尝试如何在这台机器上增加这项功能。

此项目完成了两件事情：现在我有了一台新的、功能完备的电线测量和切割机器，而且还找到了一种新的结构装置。我对 Actobotics 部件的强度和整体实用性非常满意。

新机器中不属于 Actobotics 的部件只有橡胶给料轮、一根弹簧、惰轮和电线切割刀。虽然两个电机不是 Actobotics 部件，但其结构体系为普通 NEMA 尺寸的步进电机提供了安装平台。

基于我在这个项目中获取的经验，以及迫切消除其他枯燥任务的愿望，我已经开始规划下一个基于 Actobotics 的实用工具了。

在 PIC 上使用 Pascal 入门

Thomas Henry 撰文　李军 译

当前真是电子 DIY 的黄金时代，特别是对于那些预算短缺的初学者来说。有大量免费的和开源的软件可以用来绘制草图、设计可印刷电路板、模拟电路运行、将笔记本电脑变为示波器，等等。在这些软件中，有些东西非常吸引我的眼球，似乎好到令人难以置信：这是一款功能完备的、针对 PIC 的 Pascal 编译器，没有广告，没有限制条款，也没有其他的附加条件。

这款优秀的编译器叫做 PIC Micro Pascal，其开发者是 Philippe Paternotte，他已经将该编译器放到 Web 上供人们下载了。当我停下来更仔细地研究它的时候，令我吃惊的是，它可不只是 Pascal 的简化版。它提供了在用于 PC 的 Turbo Pascal 和 Delphi 语言中所能找到的所有功能。它所生成的代码完全是经过高度优化的，通常，这比我在汇编器中从头开始编写的代码要好。总而言之，如果你渴望在 PIC 上进行高级的结构化编程，生成压缩的十六机制代码作为结果，而又不想花钱，用这种方式就可以实现。我从汇编器和可编译的 Basic 切换到 PMP，而且毫不犹豫，正是因为这个原因。

首先，Pascal 本身就是很好的语言。它富有逻辑性，含义明确，简单易学，并且可以以一种结构化地方式轻松地进行固件设计。甚至更好的是，和其他语言不同，Pascal 很容易阅读，源代码几乎是含义自明。PMP 对 Pascal 的实现也非常完整。看看吧，PMP 有以下一些特点：

· 严格符合 Pascal 标准；

· 模块化（过程和函数），使用局部变量以及多样的参数传递方式；

· 丰富的一组数据类型，包括浮点数；

· 数据结构，例如，数组、记录，甚至用户定义的类型；

· 大量的优化功能；

· 迷人的编辑器，其中集成了 PIC 数据表查看、程序树结构、代码折叠以及其他的漂亮的功能

· 处理 LCD、ADC、串行通信、I2C 和 SPI、多路复用等的库；

· 丰富的编译器指令集，可用于自动化定制编译。

和大多数免费的软件不同，PMP 带有一套完整的手册，打印出来有好几百页。这个手册特别详细而准确，但它缺少一项关键的内容，即关于“先要做什么”的指南。实际上，PMP 特别容易使用，但是，只有在成功地编写程序并将其写到第一块片子的 Flash 中之后，你才会觉得它

容易。因为这种语言及其编译器做了如此多的工作，当它第一次出现在你眼前的时候，你往往容易盯着它并迟疑该如何开始。因此，有了这篇文章。和我一起来学习如何开始。然后，帮助手册就很容易看懂了。

让一个 LED 闪烁，这可能不是开始的最炫酷的方式，但是，这种做法确实有简单的优点，以便你可以专注于语言和编辑器。让我们用这种方式来作为第一个示例。

图 1

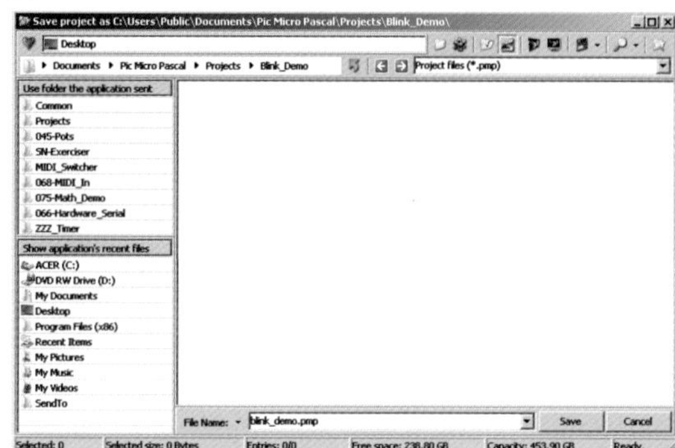

获取并安装编译器

如果使用 PIC 微控制器，可能在你的计算机上已经有了 Microchip MPLAB。如果还没有，请下载并安装它（它是免费的），因为 PMP 调用 Microchip MPLAB 内部的编译器来生成最终的十六进制代码。先安装了 Microchip MPLAB，PMP 就会负责和它连接起来。参见本文后面的“相关资源”中的介绍，以了解如何获取 MPLAB。注意，PMP 要么使用旧的版本 MPLAB 8，要么使用较新的 MPLAB-X 版本。我自己更喜欢用旧的程序版本。

然后，下载并安装 PIC Micro Pascal 软件。这些都很容易，该过程中没什么令人吃惊的事情。安装完成以后，PMP 和 MPLAB 汇编器应该能够正确地连接，从而得到了一个可以使用的完整的系统。

设置项目选项

如果想要创建自己的第一个 PIC Pascal 程序，现在就启动编辑器。从顶部的菜单栏中，选择 File...New...Project。图 1 展示了所看到的界面。采用 Windows 中常用的方式，为新项目创建一个子目录。然后，在底部的框中，输入一个文件名。每一个 PMP 项目都有一个与其相关的项目设置文件（该文件的扩展名为 .pmp），其中包含了所有的配置信息。这里创建的就是该文件。

接下来是一系列的窗口，允许你设置各种 PIC 和 Pascal 选项，如图 2 所示。现在，位于

Project 标签页中。从下拉菜单中，选择你决定要使用的特定的PIC，以及系统时钟的频率。如果仔细看一下图2，会看到，我已经选择了PIC16F88，并以8 MHz的频率运行。

暂时让其他的一切设置都保持为默认值。可以在需要的时候再去学习这些内容。进入到下一个标签页（Compiler），如图3所示。这里主要的相关项是Output Path这一项。可以将最终的汇编器代码发送到想要发送的任何文件夹（只要使用右边的文件夹图标来修改这个路径就可以了）。然而，通常情况下，你想要直接将所有内容最终都放入到项目文件夹中。有一点乍一开始会令人混淆，这就是当Output Path框为空的时候，会使用默认的项目文件夹。这里还是一样的，对于任何其他的选项，接受默认值就好了。

接下来是Optimizations标签页。我向你保证过让所有事情尽可能的简单，因此，这里还是使用默认值就好了。稍后的日子还会回到这里，因为PMP拥有各种强大的选项，可以优化代码的速度、大小、变量用法等。图4展示了在创建这个示例程序之后所看到的界面。

图2

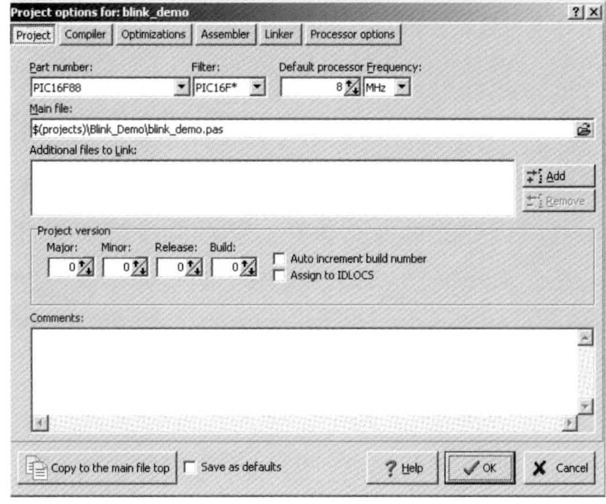

图3

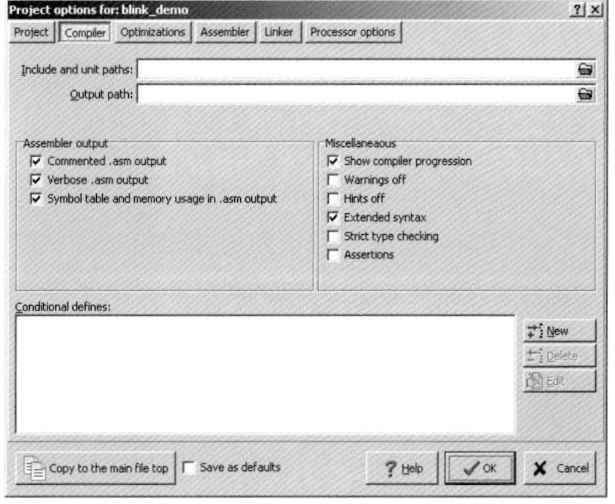

图4

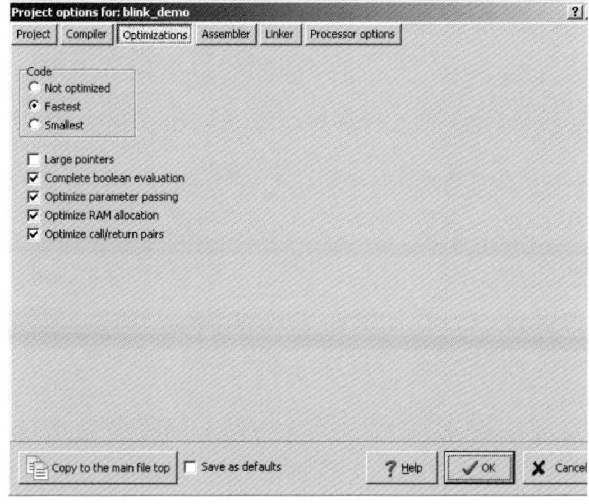

接下来，进入Assembler选项卡，如图5所示。这里，我们可以选择使用哪一个汇编器。由于一开始的时候，我们安装了Microchip的一个版本，应该会在这里上面的框中看到列出了MPASMWIN，并且在稍微下面一点的位置，有它所需要的命令行参数。和前面一样，确保Output Path为空白，表示我们想要使用默认的路径。

图5

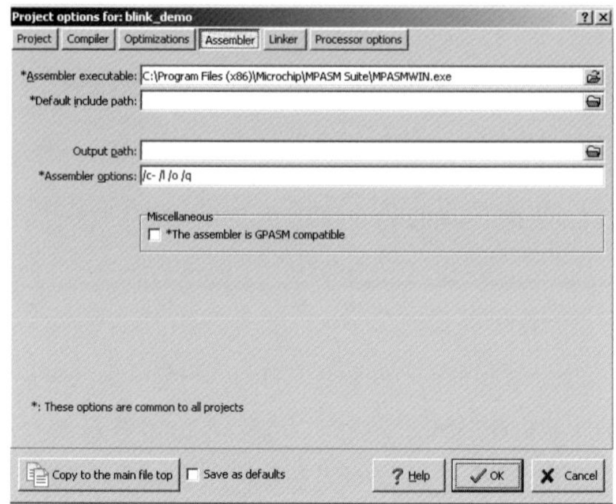

接下来是Linker标签页，如图6所示。现在，如果需要的话，做一些选择并进入到最后一个标签页Processor Options中，如图7所示。在这里，你会看到一个菜单，其中的选项带有一些说明，解释了如何针对你所使用的PIC来设置配置位。PMP足够聪明，知道这对你的芯片意味着什么。要看看可用的选项，直接在每个条目上点击鼠标右键，然后选择你想要的选项。除了一些较为重要的选项，我决定要为演示程序使用内部时钟。

图6

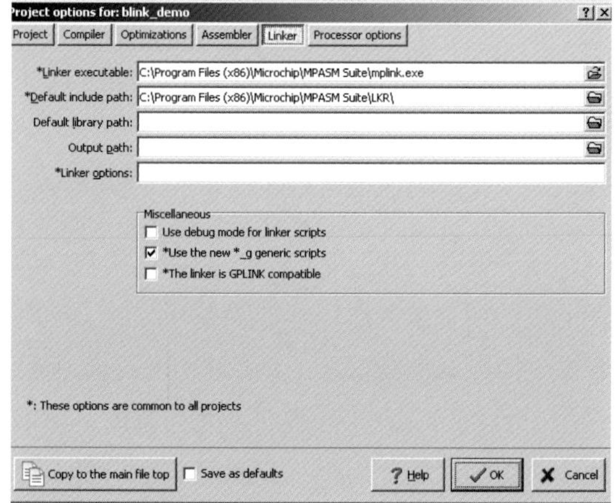

主程序文件

现在，要来看一点魔术表演了。在Processor Options窗口的左下角，点击标题为”Copy to the main file top”的按钮。好了！这就创建了一个程序框架，但更为重要的是，你刚才所选择的所有那些选项都已经通过自动粘贴到了那里。难道这保存到寄存器中了？在设置配置位的时候，绝对不需要去解析一堆复杂的字母，只需直接根据说明在菜单中做出选择，并且PMP会生成所需的代码。由于我们要创建自己的项目，删

图7

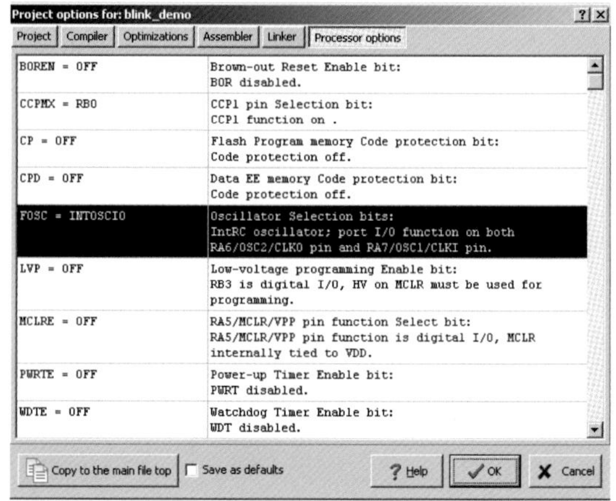

除 BEGIN...END 对之间的所有的示例程序内容，并且留出一些回车换行，以使得剩下的内容更整齐（记住，在 Pascal 中，并不反对使用空格、制表符或回车换行这样的额外空白）。图 8 展示了在清理了所有内容之后的样子。现在是保存进度的好机会。

图 8

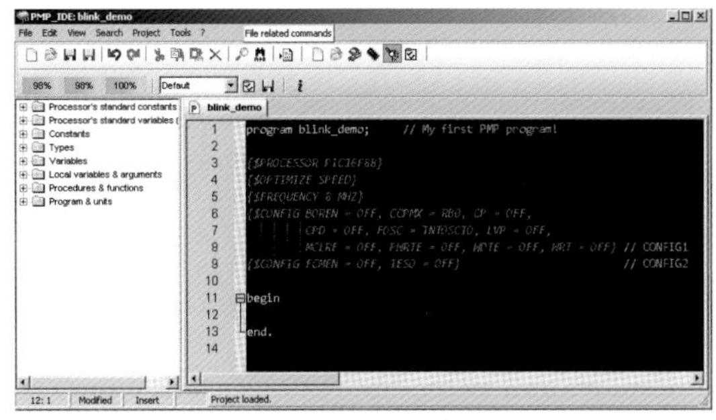

指定时钟

有些事情可能需要麻烦你，而无法借助其他的工具；在最初的时候，这确实让我感到有些挠头。还记得吧，我们在前面指定了处理器速度为 8 MHz。实际上，这只是让 PMP 知道如何计算内部的延迟时间；而并不会真正地在 PIC 中设置时钟速度。为了做到这一点，我们必须在 OSCCON 寄存器中存储一个值（至少针对我所使用的 PIC16F88 需要这么做）。我好像已经听到你在抱怨了，“好吧……现在，让我们来深入数据表并查看一下所需的位吧”。

图 9

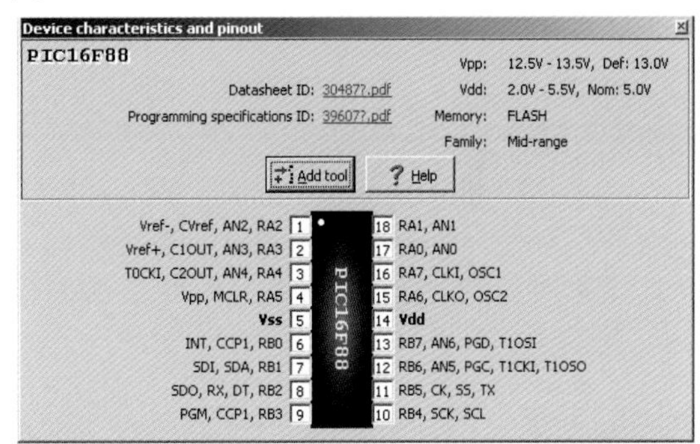

图 10

SFR information for PIC16F88

SFR: OSCCON　Address: $8F, Oscillator Control register

		IRCF			OSTS	IOFS	SCS	
		IRCF2	IRCF1	IRCF0			SCS1	SCS0
Access		R/W	R/W	R/W	R	R/W	R/W	R/W
POR state		0	0	0	0	0	0	0
MCLR state		X	X	X	X	X	X	X
	B7	B6	B5	B4	B3	B2	B1	B0

不必担心！ PMP IDE（integrated development environment，集成开发环境）中内建的最有用的功能就是，让你在需要的时候能够快速查看细节。现在来看看如何查看。

从靠近屏幕顶部的菜单栏中，选择 Project... Show Device Characteristics。好了，这里会给出引脚的说明，以防你忘记了它们（参见图 9）。注意连到数据表的超链接。

如果这是你第一次连接到互联网，点击这个超链接，将会直接从厂商加载一个完整的数据表，并且将其存储在本地的计算机上以供将来参考。这都是自动进行的。

这个数据表将会在一个 .pdf 浏览器中显示以供你查看，而不需要你再次加载它；它已经是 IDE 的一部分了。我已经自行查看过它，并且可以看到 OSCCON 需要一个 0b01110000 的值，才能得到一个 8 MHz 的时钟。如果你所需要快速查看内存，还有另一项不错的功能。从菜单栏中，选择 Project...Show SFR Information 以查看任何相关的寄存器的简短概览。图 10 展示了我所看到的信息。

开始编写代码

有了这些，我们可以开始编写程序了（我最终根据所做的各种选项为自己创建了一个模板；通过这种方式，可以毫无问题地开始编写代码了）。记住，我们的目标是打开和关闭一个 LED 以令其闪烁。对于我所使用的芯片，我通过一个 330 欧姆的限流电阻，将一个 LED 连接到了端口线 B.0。我们已经介绍过，很容易确认所使用的 PIC 的引脚。在这个例子中，我们需要 B.0 和两个电源引脚。程序主体中的源代码如下所示：

```
begin
 OSCCON := 0b01110000; // set system clock to 8 MHz
 TRISB := 0;          // set Port B for output
 loop
   PORTB.RB0 := 1; // turn LED on
   delay_ms(500);   // delay half a second
   PORTB.RB0 := 0; // then off again
   delay_ms(500)   // delay half a second
 end              // repeat in perpetuity
end.
```

Pascal 的教程已经很多了，所以，在这里我不想解释实际的代码，而只是提醒你要注意，用分号将语句隔开；用 BEGIN...END 对来创建复合语句；用双斜杠表示注释；还有用一个句点来结束整个程序。不要忘了，用冒号和等号的组合来表示给一个变量赋值。

编译程序并将其写入到 Flash

现在，我们准备好了完整地构建代码。再次使用菜单栏，并且选择 Project...Build。很快，PMP 就会编译代码、汇编，然后链接代码以创建最终的十六进制文件，已准备将其烧入到 PIC 中。假设你在整个过程中都使用了默认的设置，将会在项目文件夹中找到十六进制代码。在将程序存入到 PIC 的 Flash 中之前，需要告诉 PMP 使用什么烧录程序，其命令文件位于何处。要做到这一点，从编辑器顶部的菜单栏中选择 Tools...Configure Tools，然后选择 Add。

当我在自己的计算机上安装 PICkit 3 的时候，配置如图 11 所示。显然，要用适用于你的程序的内容来填充这些框。注意，我已经添加了一些免费软件工具，在编程的时候，我发现这些工具很有用。因此，它们变成了我的个性化的IDE 的一部分。

我们已经准备好将程序写入到 Flash 了。再次直接打开菜单栏，选择 Tools...Flash PIC（或者你所定制化的任何标签），然后就好了。数秒之后，就可以让编程后的芯片准备好开始闪烁 LED 了。

图 11

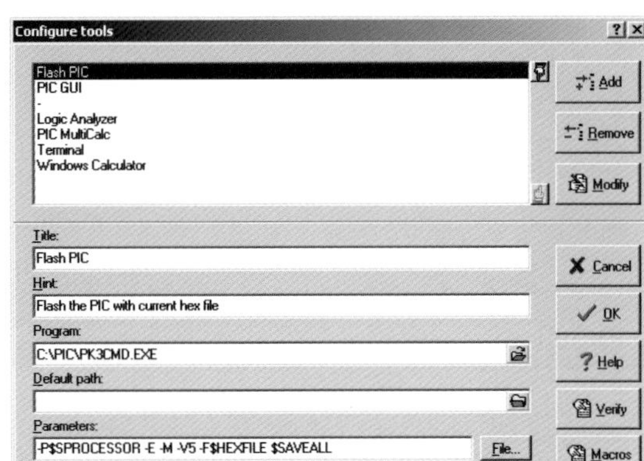

接下来做什么？

现在，你应该已经克服了难题，并且准备好自己探索 PIC Micro Pascal 了。这款编辑器中充满了各种有用的强大功能。本文没有足够的篇幅来介绍所有这些功能了，因此，请自行尝试这些功能。同样，你还要深入研究语言本身。我认为 PIC Micro Pascal 中丰富的命令、数据类型和数据结构，将会给你留下深刻的印象。

相关资源

PIC Micro Pascal (PMP) 依赖于 Microchip’s MPLAB 中的汇编器，后者是用于汇编语言编程的一个完整的集成开发环境（integrated development environment，IDE）。不必担心，要使用 PMP，你并不需要了解汇编器。首先下载并安装 MPLAB。当然，它是免费的。可以从 www.microchip.com/pagehandler/enus/devtools/mplab/home.html 找到它。

接下来，从 www.pmpcomp.fr 下载并安装 PMP，它也是免费的。

安装很容易，PMP 负责在你的计算机上查找 MPLAB，并且进行必要的连接。之后就已经准备好开始编程了。记住，PMP 带有一个优秀的帮助手册，我推荐你现在就将其打印出来。如果你真的遇到了某些困难，考虑加入 PIC Micro Pascal 论坛（当然，还是免费的），其地址是 www.pmpcomp.fr/smf。

我自己是论坛的活跃用户，并且贡献了 60 个练习，可以帮助你实现各种类型的应用程序，包括 LCD、LED、通信、音乐、传感器、电机等。

Nyx v2 构建三部曲

Mike Jeffries 撰文　雍琦 译

设计

Nyx 诞生于 2012 年，并在当年 2 月份参加了蒙大拿州的比赛。Nyx 的设计目标很明确：强壮坚固、快速灵活，得同时满足蒙大拿州 Sportsman 比赛级别和 DragonCon 机器人大赛 13.6 千克级别的参赛条件。起初，我们为 Nyx 设计了一套可互换武器系统，包括能掀翻对手的起重叉、双铰链弹射蹼和一对磨碾旋碟。

在初始测试时我们发现，双铰链弹射蹼弹射时产生的冲击力，会让武器系统的电机轴无法承受。这就意味着，Nyx 在它的首场比赛中，只能使用磨碾旋碟做武器了。蒙大拿赛后不久，我们为 Nyx 换上了新的钛合金顶甲，链齿轮换成了限矩离合器。

改装之后，武器系统电机轴的耐冲击问题解决了，但齿轮转速降低了，导致铰链弹簧蹼没法使用。不过，起重叉可以正常工作。从那时起，Nyx 在每场比赛中都以起重叉作为主力武器，赢得了两场 DragonCon 机器人大赛，在 2013 和 2014 两年的蒙大拿比赛以及 2014 年 DragonCon 机器人大赛 50 比赛中，获得第三名。Nyx 在长达三年的比赛经历中表现出色，不过，它的绝大多数部件已经到了非换不可的地步，需要来一次彻底的升级。

实践表明，我们的设计理念奏效了，Nyx 有着出色的战绩，整体状态极好。那么问题来了，2.0 版本的 Nyx 该是什么样呢？同设计 1.0 版时一样，首先，我要理出核心设计要素。最重要也是最先要考虑的问题，就是必须保证有一个稳定敏捷的传动系统，这就意味着基于 DeWalt 的传动马达必须被淘汰。其次，就要好好考虑武器系统了。武器必须更加强劲有力，更具破坏效果。最后要考虑的是，一旦 Nyx 被掀翻，一定要在尽可能短的时间内翻回来。另外，因为我们使用的是模块化武器，模块之间的切换时间要尽量短。

Nyx v1 使用较为小型的武器系统，整体重量刚好控制在标准线以内。这意味着底盘要大加改造，在规则限定之内，要尽可能承载更大的重量。底盘高度仍同原先一样，但长宽都缩小了。轮子的尺寸则从“4”降为“3”。Nyx v1 使用的马达位于机器人中部，通过链条传动轮子。Nyx v2 在机器人的两个对角上分别放置马达，每个马达直接驱动一个轮子，又以链条传动另一个轮子。

以上的改造都是为了降低重量，一点一滴都不放过，即便是只有 0.22 千克重的线路缓冲装置。这样一来，我们可以为每种武器模块腾出 5.89 千克重量。

底盘改造之后，就得着手武器模块了。第一种武器是 3 马力（2.2 千瓦）的战斧，使用双面 Ragebridge 电子控速器（ESC）驱动 A28-150 伺服电机，峰值电流可达 140A。这套系统采用 3 步减速方式操纵战斧，首先通过齿轮进行 2 步 3:1 减速，再用链条进行 2:1 减速。

大型的武器驱动马达，长长的金属锤，以及金属齿轮，所有这一切意味着，要在控制重量方面做足功夫。在我们的武器设计 CAD 设计图里，所有非必需的地方都抠了出来，以便尽可能多地节省重量。

我们在优化装配方面花了很多时间，终于把战斧武器搞定了。齿轮经过铣磨和钻孔，锤臂切薄，其他所有的零件也都打磨到了尽可能轻便的程度。我在 CAD 图纸上细细审察，所有的零件，包括螺母、螺栓和垫圈在内，总重量刚超过 13 千克，还有足够的余地装配线缆。

战斧武器之外，还有一种起重武器。这个模块使用 DeWalt 马达和变速器，挂载到 Equals Zero Designs 出品的低档位变速器上，以获得额外的 9:1 减速，能够为长达 60 厘米的起重叉提供足够的升力。

考虑到起重叉的长度以及机器人的平衡性，必须添加一些外伸臂来保证安全性，要不然，恐怕刚遇上对手就要回头去做面部手术了。外伸臂就安装在轮子防护装置外缘，每面由 3 个螺栓固定。

设计完主要部分，接下来就要测算加入轴和紧固件之后，整套系统的精确重量。起重武器使用的齿轮同战斧武器一样，经过同样的打磨加工，这也就意味着这里省不出更多重量了。起重武器使用单面 Ragebridge 电子控速器驱动马达，电流大小经过调整，可以掀起重达 22 千克的物体。

第 3 种武器的设计起步较晚，但所花费的时间比起前两种来一点也不少。碾碎武器使用 Gimson Robotics 出品的约 2.22 千牛线性驱动器，由 6S LiPo 电池提供动力，每秒钟能行进约 5 厘米。

对于碾碎武器来说，很早就想到的、至关重要的一点是，它必需是能够升降的。因为它得面对各种不同尺寸、外形和高度的对手，所以得有个升降臂来适应不同情况，以免出现轮子离地的尴尬。

Gimson Robotics 还建议，应该为线性驱动器加装保护装置。于是我们对碾碎武器作了调整，在其顶部加装了防护罩，防止有东西直接砸到驱动器。

此外，碾碎武器的长臂上有一对尖锐的喙状突起，可以防止驱动器碰到防护罩。因为耦合比的关系，碾碎武器的尖扦每钞钟可以行进约 7.6 厘米，力量能够达到 317 千克。当全部碾压力集中在扦尖时，可以产生高达 40000 磅（约 1.8 吨）的碾压力。

你可能注意到了，整体设计中还更换了轮子。这是因为，我原先使用的那种轮子很快消失在市场上了。长远来看，老是到处找轮子、囤轮子也不是办法。Colson Performa 轮脚，绰号 Chaos Hubs，普及率极高，随处可得，我就选择了用它来自行设计轮子。

首次比赛前的 Nyx

全部改造完成后的 Nyx v1

底盘

完成设计之后，接下去的首要大事，就是把主要部件装配起来，搭建底盘。底盘的主材料是 1/4 英寸（25.4 毫米）厚的 7075 铝板。依据我们先前的设计，CAD 图纸迅速变成了一堆可供装配的零件。

传动系统原始模型

电锤模块的初始概念图

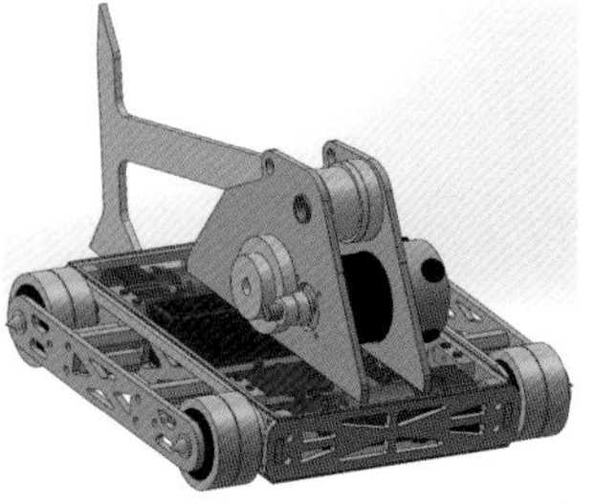

装配电锤模块必需考虑重量因素

在等待高压水流切割材料到来的时候，我正好利用这段时间组装传动轴。传动轴是钢制的，直径 12.74 毫米，槽深 3.175 毫米。轴体上焊有凸缘，可以防止它在战斗中移位。轴端削得很尖，这样一来，如果底盘被对手从侧面掀起的话，仍能倚靠在另一侧的轮子上。

电锤模块的设计终稿

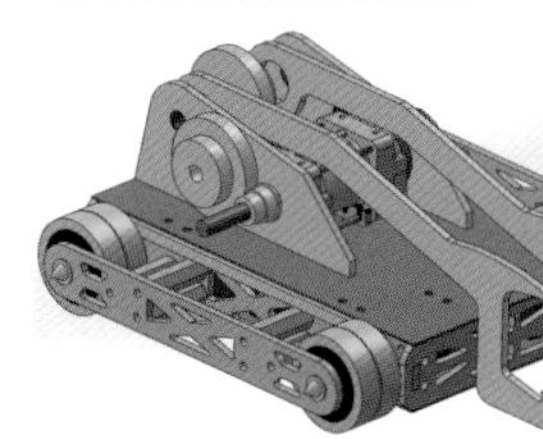

起重模块的初始概念图

起重模块加装了用来保持平衡的外伸臂

高压水流切割材料送到后，我就正式开始装配了。首先要安装的是电源灯。Nyx v2 只有一个电源开关，因此并不需要额外的电源指示灯。

不过，即使电源指示灯受损的话，我们也仍能清楚地知道机器人是否通电。

电源指示灯是并联的，导线紧贴着前面板安装，尽可能防止它在遭受剧烈冲击的情况下移位或脱线。电源指示灯用的电流连接器同其他部件一样，这样可以减少备用零件的数量。

起重模块的设计终稿

碾碎模块的初始概念图

碾碎模块的设计终稿

搞定 LED 灯之后，开始组装传动仓。首先，要把衬套压合到传动仓的内外两层框架上去。之所以用衬套而不是轴承，是出于两个考虑：（1）衬套没有活动部件，不容易卡住战场上到处横飞的碎片，也就不会在战斗中给底盘增加额外负担。（2）在同等重量的情况下，衬套比绝大多数轴承都要坚固，可以兼顾重量和强度两方面的要求。

传动链贴着内层框架安装，因此，镙铨得用平头的，以防链条擦到或挂到镙铨头上。

传动仓的左右两半用 6 条螺纹铝条连接。Nyx v1 只用了 5 条，并没有发生弯曲或扭动的现象，所以我对 Nyx v2 如法炮制。在 Nyx v1 中，铝条安装的位置在靠近底盘外侧的地方，这次，它们的位置调整到靠近轮子的地方。因此，我又多加了 1 条铝条来增加稳固性。

传动仓组装好，镙铨镙帽也都装好之后，接下去的工作就很快了。卡槽式设计的好处在于，内外两层框架只要简单卡紧就行了。稍微砂磨一下，各个组件就能紧固地装配到一起，底盘就此成型。

下一步要做的是，把 Nyx v1 上的电子系统移植过来，对新底盘进行测试。旧机器上的紧固件和粘胶带都要撕掉，快速检测一下部件是否受损。检测完成后，就可以把驱动马达和电源开关固定到新底盘上了。

工程进行到此处，第一个麻烦出现了。新底盘通上电池后应该就能启动，但却一点反应都没有。检测了各种部件之后，终于发现问题出在马达控制器上。这倒并不让人意外，毕竟这个控制器已经使用多年，饱受折磨，是到该换的时候了。我们从 E0Designs.com 订购了一个新的 Ragebridge 电子马达控制器（ESC）给新底盘换上，它顿时就能活蹦乱跳了。

不过，装配底盘的工作还没算完。最后一步，要把电池仓安装好，驱动武器系统的马达控制器也要安装好，这两样安装时都要紧贴着底盘。Nyx v1 已经证明，泡沫式电池仓是一种可以接受的选择，Nyx v2 自然也就沿用下来。

因为要驱动武器系统，还得再装一个 Ragebridge 电子马达控制器（ESC）。两个电子马达控制器通过大块的 Velcro™ 底板安装到底盘上。所有东西都塞进底盘后，还要用扎线带整理捆扎导线，既是为了防止各种导线互相干扰，也是为了保持底盘内的适度整洁。

武器

底盘组装完成，能够正常工作以后，下一步就是组装武器系统了。在我们的设计中，每个武器模块都可以直接插到底盘的顶甲上，电子调速器在底盘外部与武器模块连接。因此，每个武器模块就其本身而言，都是独立的。这样做是为了避免在 Nyx v1 中出现的问题。在 Nyx v1 中，每次更换武器模块，都要为连接电子调速器费老大的劲，操作起来不如事先想的那样简便快捷。

组装武器模块的第一步，实际上是增加一个安全装置。起重模块和战斧模块的摆动幅度很大，外形又都很尖锐，需要有一个安全锁。安全锁独立于启动开关，可以保证机器人安全启动。在机

器人陷入坑陷中时，可以让武器模块停止运行。安全锁以 6.35 毫米的 4130 线材为材料，折成 T 形，焊接一个用以确定插入深度的凸环。开关的颜色漆成醒目的亮绿色。

武器模块上开二个紧邻的小孔，一个放置安全锁，另一个上焊一块直径 1/4 英寸、高 1/4 英寸的钕磁铁。钕磁铁可以吸住安全锁，避免它在碰撞颠簸的过程中先于电源开关启动。

高压水流切割而成的铝板

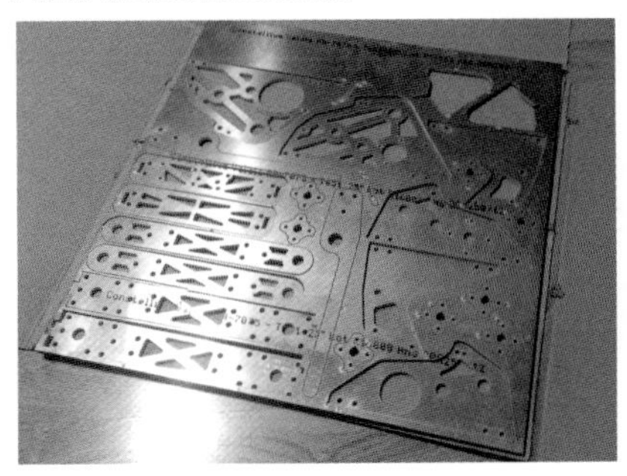

传动轴

测试 LED 灯

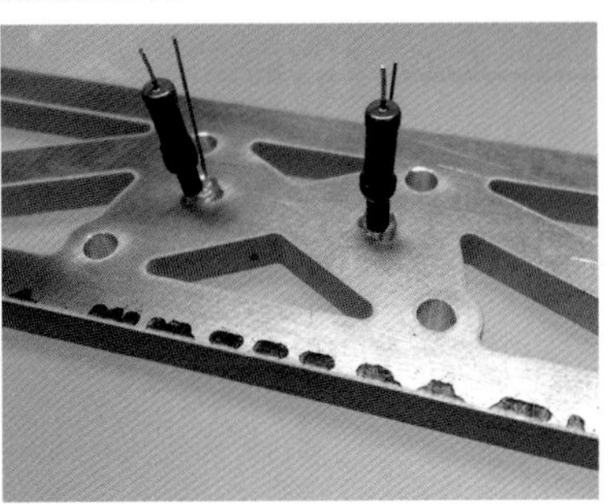

碾碎模块

我们组装的第一个武器模块是碾碎模块。这个模块使用的是一对 Gimson Robotics GLA750-S 线性驱动器，以 100 毫米冲程驱动碾碎器。电流大小是 23A，可以产生 670 磅（0.3 吨）的碾压力。

组装的第一步，是把碾碎齿的两半焊到一起，组成一个 12.7 毫米厚的完整碾碎齿。当然，也可以直接切割 12.7 毫米厚的钢材用作碾碎齿。不过，我们的设计初衷之一就是，尽可能减少材料类型。组成碾碎齿的两半材料，是从 6.35 毫米厚的 AR400 板材上切上来的，其他部件也会用到这种板材。

安装到位，连上导线的 LED 灯

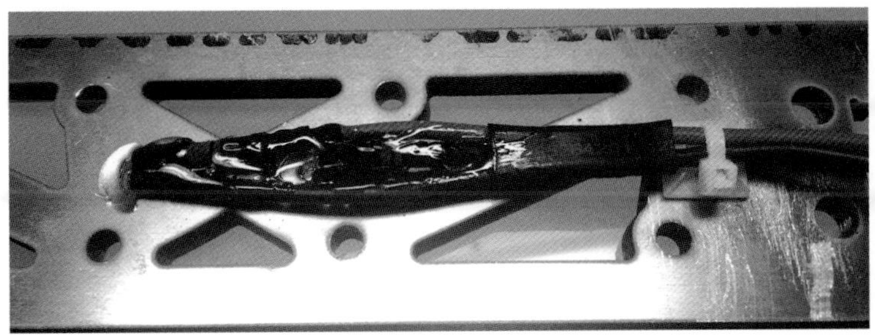

安装上衬套的传动仓内外两层框架

焊好碾碎齿后，用衬套和轴将其与支承板接好。要先将轴体插入，再安装螺铨，这样有利于校准位置。

内外两层框架组合在一起

电源指示灯亮起，功能已经完备

GLA750-S 驱动器基本上只须稍作改造，就可以满足我们的需要。在驱动器的底座上，钻一个9.5毫米的孔，接线位置则钻一个6.35毫米的孔。9.5毫米的轴直接连到两台驱动器上，而6.35毫米的带肩螺铨则由联动装置驱动。

完成上述工序后，只要滑上金属侧板，卡上 12.7 毫米轴上的轴环，就大功告成了。

最后，将支承板滑入预定位置，再用螺铨将其紧固在铝质支撑架上。整个工程以旋紧轴套和螺帽收尾。这就是碾碎模块，组合完毕，就等一试身手了。

底盘的主体结构

从 Nyx v1 上移植过来的内部组件

完成装配的新底盘

起重模块

起重模块以 DeWut 齿轮电动机驱动，这种电动机是从 e0designs.com 上订购的。变速箱设为低档位，通过二步 9：1 减速，使全局驱动率达到 460.8：1，最大转速为 50。电流大小为 50A，23 英寸的起重叉可以举起重达 34 千克的物体。设定这样的电流大小，有电流过载保护的考虑在内，可以避免在卡到障碍物或撞到边界时脱轴。

Nyx v2 重 13.6 千克，起重叉长 58 厘米，这将产生大约 317 千克的扭矩力。为了保持整体平衡，变速箱内使用了较重的金属传动齿轮。起重叉除了使用两条 1/4 英寸的板材外，每个叉上还装有对应驱动轴的 3/4 英寸铝质锁扣，用以分散起重时的负重。

键槽先用高压水流切割成形，组装之后还要修光，确保平顺。

设计起重模块的时候，我们就考虑使用尽可能少的组件，因此组装过程进行得很快。我们从 Master-Carr 订购了两套一模一样的用于减速的传动齿轮，因为事先已考虑好传动装置强度的问题，较大的齿轮零件都被替换了，这样可以节省重量。在把传动装置和起重臂组装起来时，我们使用了垫片和轴套，尽可能保证位置准确。

组装过程很顺利，静止转矩也足够大，起重叉不会松动摇晃。最后要做的就是把起重模块安装到底盘上，拿实物来试一试。输入最高电流 50A，起重叉可以轻易举起 Nyx v1 的残骸，举到任何高度都可以。

战斧模块

战斧模块使用 A28-150 型 Ampflow 马达驱动，采用 18:1 三步减速。马达有两对电刷。用从 e0designs.com 上购买的双通道 Ragebridge 电子调速器（ESC）连接马达，每个通道为一对电刷提供 70A 的电量，总电量为 140A。这样可以兼顾启动时的矩力和系统稳定性。

战斧也可以由更大的电量来驱动，不过牵引电流就有可能过载，重复使用的话，容易引起马达、电子调整器或电池的损坏。

战斧模块同样使用了限矩离合器，在机器人行进突然受阻时，可以保护传动装置和马达。扭矩离合器的最大额定扭力是 8.29 千克米，当接通 140A 电流时，A28-150 马达可以在传动装置减速后产生 9.12 千克米的扭力。这意味着，多余的电量将因离合器的转差而浪费，给系统带来额外的应力。

如同起重模块一样，战斧模块组装起来也很快。前二步减速传动装置的组装几乎同起重模块一样，只是垫片和轴环的数量及位置稍有不同。二步减速之后的第三步是 9：1 链路减速，最终产生 18：1 的扭矩力。

链路减速系统使用的是 35# 滚链，用带肩螺铨上的铜套作为张紧轮。铜套可以在带肩螺铨上自由转动，几乎不影响滚链运动，即使遭遇剧烈摇晃，滚链仍能运转自如。斧臂直接安装在限矩离合器上，正反两个方向都能安装，视需要用哪一个斧头而定，只要拆下驱动轴后把斧臂换个面就可以了。

所有东西装配到位后，就要把它安装到底盘上，进行初次点火和测试了。一切都很正常，只是有几次试验时电量过于强劲，当满电量运行时，战斧可以刺穿 1/8 英寸的铝板，把它砸得面目全非。

有一个包含在设计中，但没有完全在 CAD 图纸体现的元素，那就是照相机的基座。在 Nyx v2 身上，我们使用的是 GoPro Hero 相机。Hero 相机的价格较便宜，在环境极端险恶的比赛中，就算受损也不会太让人心疼。

基座本身使用的是 1 英寸超高分子（UHMW）线材，用两枚三角牙自攻螺丝固定在底板上。然后，用镙铨将一块 1/8 英寸厚的钢板紧固到线材上，再通过两个带螺纹的小孔安装铝质座篮。

这样，我们就得到了一个小小的滚柱相机罩，直径约 5 厘米，滚柱直径约 6 毫米。它没法阻挡来自正下方的攻击，因此安装部位要尽量考虑到这一点。罩子的主要作用，是阻挡钝器重击，比如被掀翻在地，或被别的机器人压住。

介绍完相机基座和所有武器模块的安装后，我们的 Nyx v2 专题也就结束啦。测试视频在此：http://nearhaos.net/?p=135。我上传了所有的 Nyx v2 三维 CAD 设计文件（含 SW2013 和 STEP 两种格式），还上传了用于高压水流切割的二维设计图纸，下载链接在此：http://nearchaos.net/NyxCadFiles.rar。您可借此更加深入地了解 Nyx v2，也欢迎您复制或改装我设计的其他机器人。

用高压水流切割而成的武器系统部件

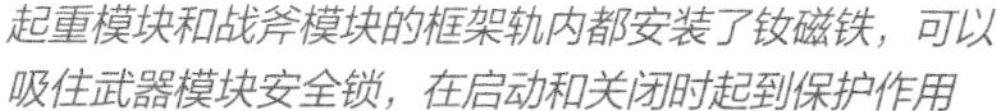

起重模块和战斧模块的框架轨内都安装了钕磁铁，可以吸住武器模块安全锁，在启动和关闭时起到保护作用

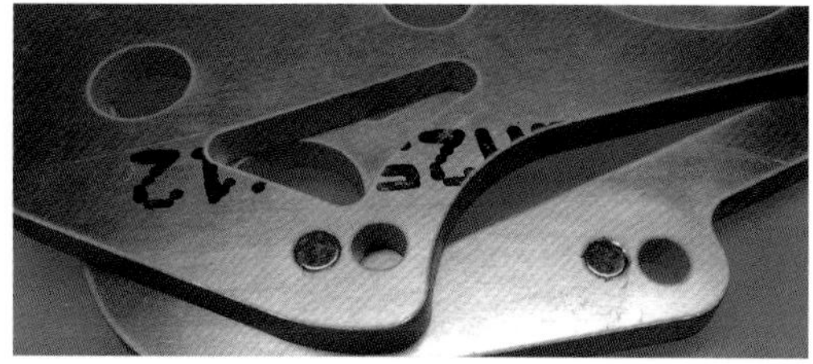

装配到底盘上的碾碎模块

组装完毕的碾碎模块

已经焊接好的碾碎齿

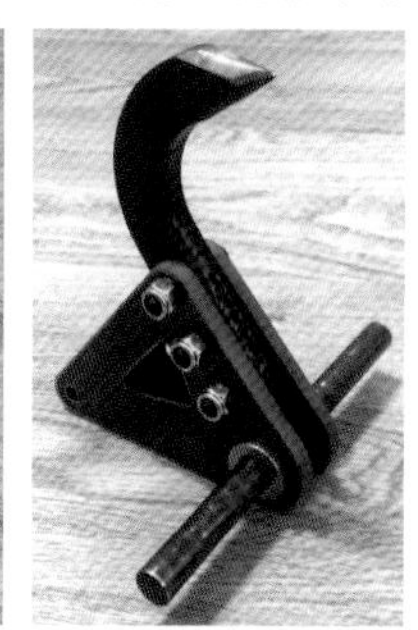

装配碾碎武器的 Nyx v2 在亚特兰大创客节（Maker Faire Atlanta）上初展身姿

装配到底盘上的起重模块

组装完毕的起重模块

起重臂上的键槽

将组装完毕的战斧模块安装到底盘上

组装完毕的战斧模块

装配到底盘上的战斧模块

组装好的 2 步减速装置

装配起重模块和 GoPro 相机的 Nyx v2

自制的 GoPro 相机基座，它将安装在 Nyx v2 的左后角

Nyx v1 残骸加上镇流器重达 13.6 千克起重模块将它能轻易举起

Nyx v2 机器人及其三种武器模块的全家福

SPARC：机器人战火重燃

Holden Berry 撰文　符鹏飞 译

2003 年 4 月，当我 8 岁的时候，我第一次参加了机器人格斗比赛。在塔拉哈西的那个夏日里，我姐姐和我停止了对我们的一磅重的蚁级机器人贝贝蓝博特（Babe the Blue Bot）的操控，我们的这个小小的楔型机器人进入了前 32 名，那是我在机器人格斗比赛的短暂经历的开端。

虽然我父亲承担了团队（Legendary Robotics）的绝大多数的建造工作，但只要我不驾驶机器人的时候，我也会尽力帮忙。纵观我所参加的十多场比赛，贝贝蓝博特取得了不同程度的成功，我们闯入了一些比赛的最后几轮，赢得了一些皇家大战（Royal Rumble）[1]，我们也输掉了一些旗鼓相当的比赛，但无论如何，每个人都获得了乐趣。

机器人格斗赛经历了其高峰和低谷，许多人还对电视播放比赛的场景记忆犹新，但在过去五年左右的时间里，这项运动失去了中心组织和指导。不过，最近几个月情况发生了改变，一些人走到了一起，希望能帮助对这项运动提供更多的指导和规划。

经过了 20 多人的共同努力，SPARC（促进机器人格斗比赛标准化程序文档，the Standardized Procedures for the Advancement of Robotic Combat Documents）组织创立了。SPARC 文档是无数机器人相关的专业和业余爱好者一起工作的产物，用来规范以下这些：机器人格斗比赛规则、制造规范、比赛程序以及裁判准则等等。

我和 Mike Jeffries 谈论这些，Jeffries 经历了 BattleBots 和 RFL（机器人格斗联盟，the Robot Fighting League）时期，现在是 SPARC 超级贡献者之一。他目睹了这两个机器人格斗运动组织的成立与消亡，现在希望这些文件能帮助下一波机器人制造者们，并推动这项运动向前发展。与 BattleBots 和 REL 不同（这两个组织只有少数几个人做上层决定），SPARC 文档是“一个持续的讨论，用来解决新的问题，并适应它们”，Jeffries 宣称，“对于 SPARC，不存在对特定的人关注任何给定问题的依赖”。

Jeffries 相信，贡献者数量以及论坛发帖者数量将是一个优势，之前的两个组织在此方面乏善可陈。除了人们贡献的文档数量，Jeffries 还认为，在同一个论坛或同一个网站拥有如此数量

[1] Royal Rumble 源自 WWE（世界摔角娱乐）的 PPV 赛事，以它传统的 30 人或 40 人大战出名。比赛时，首先由抽签抽到 1 号和 2 号的选手先进场进行比赛，之后每隔 90 秒都会有一名选手进场参与争斗，直至留下一名最终胜利者。

的机器人相关讨论将令我们获益无穷。

“对于那些希望询问有关 getting started 这类问题的人来说，还没有一个好的唯一入口给他们”，Jeffries 称。当网站和论坛给来访者的是一个长长的清单的时候，它实际上阻碍了人们从“我想尝试一下”迈步到“我能做这个”。

因此，为了使其更简便，SPARC 文档组织计划简化进入的过程和信息，不仅是在制造机器人方面，还包括活动安排、裁判准则、规则匹配等。

那么，SPARC 文档组织究竟要做什么以及是什么促进了该组织的诞生？因为机器人格斗界经历了之前几年的疏离，“正在发展的各个赛事不断修订现存文档的内容”，Jefferies 解释到。根本没有标准的规则和流程，而在一个不断变化的技术领域，缺少标准化意味着不用多久机器人和规则之间的差异就会大到不可收拾。

如果没有某种通用的凝聚力存在的话，很有可能（不用多久）一些机器人将不被允许参加某项赛事，因为它们遵循的规则不同。Jeffries 认为这只会进一步拉远机器人格斗界彼此之间的距离，并使其更难成为一个整体。

这就是超过 20 多个赛事组织者走到一起并开始撰写 SPARC 文档的原因，参见表 1。

表 1　贡献者名单

贡献者名单		
Kurtis Wanner — Owner of	Kelly Lockhart	FingerTech Robotics
Bryan Gallo	(Covered initial costs)	Jason Brown
Ethan McKibben	Jeremy Campbell	Christopher Olin
James Iocca	Dan Toborowski	Andrea Suarez
Brian Schwartz	Orion Beach	Paul Grata
Brandon Davis	Robert Purdy	Robert Masek
Dan Chatterton	Mike Gellatly	Rob Farrow
Samuel McAmis	Chuck Butler	Jamison Go

他们从比赛程序、标准化重量等级、camera 规则、对违法体育道德行为的处罚以及称重规则着手，接下来，他们开始致力于比赛规则，这一部分包括了机器人加载和启动程序、紧急失活处理、比赛持续时间和频次、以及淘汰规则等。

尽管很多类似死亡地带或分开程序这样的细枝末节可能随不同类型的比赛而不同，但这些规则仍然是机器人制造者们良好的综合参考。

接下来的部分是裁判规则,这些文档规定了在3个不同类别给予奖励积分: 进攻、控制、和伤害。进攻得 5 点，控制和伤害得 6 点，裁判基于自由裁量权将奖励点分配给多个进攻方操作者。文档接下来继续描述诸如每一类别必须是可测量的、赛后报告等。

第四个也是最后一个文档涉及制造规范，它的主题包括电池、自主机器人、气动和液压、以及燃油管路等……这些都在这一章节中讨论。

论坛在 SPARC 文档的成长和发展中至关重要。论坛的内容范围囊括了出售 / 求购信息、制造过程报告、提示和技巧、以及对规则的讨论等。Jeffries 确信论坛是 SPARC 文档成功的关键原因之一，因为“讨论不是被局限在少数人中”。

这些规则和过程可以调整适应整个机器人格斗界的各种各样不同的技术，像 South Florida Combot Regionals 或者 Robot Battles 53 这样的赛事可以在赛事部分做广告宣传，这一部分被分为欧洲、澳大利亚和北美赛事几部分。

那么，谁能知道机器人格斗是否会重新出现在电视播放中呢？ Jeffries 和我对此都不能确定，但出现在电视上真的是普及和成功的最终标志吗？这是 Jeffries 提出的一个观点,他认为并非如此。

“能上节目当然非常棒，它可能会导致新的竞争者和活动组织者蜂拥而至，但对机器人格斗竞技继续存在来说并不是必须的。”他断言道。

当我思索这一问题之后，我开始意识到他是对的。BattleBots 节目在 2002 年 (甚至在我开始驾驶机器人的前一年) 停止播放，尽管我喜欢看重播，但节目并非我如此热爱这项运动的原因。说实话，即使在我开始玩机器人之后，观看节目也和我关系不大，是比赛让我热血澎湃——驾驶机器人，在比赛中和一大伙人狭路相逢，尽管这些人恨不得将你的机器人撕成碎片，但他们会对你在这条路上的每一点进步提供帮助。

观看电视节目代替不了驾驶机器人超越某人并赢得比赛的感觉，也不能代替当目睹一个旋转的锯片将你的凯夫拉装甲撕成碎片时的震惊和恐惧的感觉。

机器人格斗竞技自从 1987 年以来一直以某种形式存在，并且的确，它让我们见证了一些难以置信的高峰和令人失望的低谷。

不过，正如 Jeffries 所说的那样，“关于机器人格斗竞技有一件事是绝对肯定的：它也许需要付出很多的努力，但它同时也包含了太多的乐趣。”

小型机器人大师——Dale Heatherington

Brandon Davis 撰文　赵俐 译

在一个非常大的房间里，椅子上坐满了人，人们在接合立管，一边平行摆着一排桌子。DragonCon Robot Battles 整装区到处都是创客们留下的残件碎片，他们最后一刻拼尽全力组装机器人。过去 12 年间，只要在那些整装区走一下，大多数时候你都会看到 Dale Heatherington。

在 Heatherington 的桌子上看不到最后一刻的疯狂举动。只有一个男人和几个朋友在静静地聊天。当天要参加比赛的机器人就立在他们前面。不管是哪一年，他做的机器人都表现惊人。他很有可能在当天两场重量级比赛中的一场中获胜。任选一年看看。只要不是 2002 年就行——那年他第一次参加比赛。

“我带着我的第一个能运作的格斗机器人 T_Zero 去了那里。这次没什么好说的，我因为设计不佳而非操纵经验不足和紧张而惜败了。不过我确实学到了不少东西。”

Heatherington 在参赛之前就已经小有名气。在 Google 上搜索他，你甚至都不用向下滚动页面，就会发现他为一个技术链的关键第一部分做出了贡献，使得我们能够享用如今庇佑我们的 Cat Videos。不过这里我们谈论的是一个男人和他的机器人，因此我要将此作为一个练习留给读者。

“我从大约 8 岁开始就对电子产品产生了兴趣。我父亲经营一家机械工厂，但我太喜欢电子产品了，所以没有接管他的事业。”在 Heatherington 的一生中，一个六合一 Electronics Experimenter 套件曾风靡一时（这解释了他为何使用 900 MHz 游戏控制器），不过少年时代的“不耻下问”思想学派也给予了他一些启发。

“我制造 Windmobile 时大约 13 岁。那是一个木制框架，有四个轮子、一个座椅，背面有一个巨大的矩形帆。我的朋友和我喜欢在起风的天气里骑这个东西。有一天，毫无征兆的一阵风推动该机器达到了前所未有的速度，导致后端脱离地面。

它转过 90 度，掉在地上，并滚动起来。驾驶员没有受伤，但是帆几乎被彻底摧毁了，我后

来再也没有重建它。”

“我的第一个格斗机器人构思于 1966 年，当时我正在暑期打工，做电子装配。一位同事和我探讨起制造 R/C 机器人来互相格斗。我们试图战胜对方，在焊接防盗报警器部件的同时构思武器。他甚至想到了将酸液喷雾器作为武器，显然我们需要制定武器限制规则。遗憾的是，我们没有足够的机械技能来做出不错的机器人。实际上我是同伴当中唯一做出这种机器人的人。那个机器人很糟糕，没有武器，但可以进行基本的移动和转向。最终我们并没有做出能够格斗的机器人。

很多年过去了……

我于 1999 年加入了亚特兰大机器人爱好者俱乐部，并学会了为他们的比赛制作巡线机器人、吸尘机器人和迷你相扑机器人。

正是在这里，我开始变得越来越热衷于制作机械装置。我于 2001 年去了 DragonCon Robot Battles，想看看这是什么样的赛事，我因此获得了灵感，并于次年制作了一款机器人。”

访问 Heatherington 的网站 www.wa4dsy.net/robot，纵情于格斗机器人制造者的世界中。一切内容应有尽有——图文并茂。该网站介绍了各种格斗机器人，包括 T_Zero（一款重 5.44 千克的两轮气动投掷装置。第一个格斗机器人。了解该款机器人。这是突破性的气动装置。）。其中还有吸尘器、巡线机器人、平衡机器人和众多烧脑设计。

DH：流程？工作流？ LOL！我行动起来毫无章法， 我没有接受过正式培训，也没有制作机械类东西的工作经验。通常情况是这样的：古怪的想法无缘无故浮现在我脑海中。这个东西会有效吗？比较酷吗？我能将其制作出来吗？我会学到制作它的新技能吗？

图 1　Wind Mobile

图 2　Heatherington 在调整 Omega Force

图 3　T_Zero

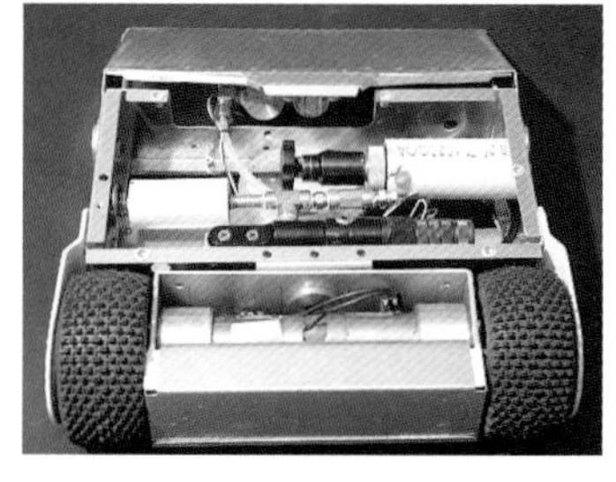

如果是，那么我就尝试通过一个小的模型来测试这个概念和 / 或做试验。如果测试结果显示这是一个好主意，我就开始设计武器，然后设计一款机器人来携带该武器。目前，我在一台 MAC 电脑上使用 ViaCAD。它价格便宜且用起来不是太难。纸和纸板也可作为模型。有时木板也行。与其破坏2024铝棒，我宁愿搞砸一块便宜的纸板或木板。而且，我经常基于CAD图纸打印1:1纸模板，将其粘到金属片上来指导切削加工。

图4　Omega Force 设计失败

大多数想法都不会走到制作阶段，即使到达这个阶段，也会发现缺陷，要做很多改动。制作完成后，机器人总是超重，需要对其减重。钻孔，使用较轻的材料，称重，这一过程周而复始。

我尽可能尝试解决数学问题。我不擅长数学，但多亏了Google，我通常可以在互联网上找到需要的公式。为了使重复性的计算不那么单调乏味，我有时用Perl或JavaScript编写特殊的计算器。如果结果证明它们确实有用，我会将它们放在我的网站上。"

Heatherington的网站上有许多计算器、公式和参考资料。很明显机器人格斗中缺少如此普遍的高速旋转式武器。

图5　Omega Force 2.0 构造

图6　Omega Force 抛掷 Nicole Richie

部分原因在于露天舞台相扑规则集的性质（任何武器的最高速度不得超过20 fps，因为3.65米开外可能会有孩子——Heatherington帮助制定了这一规则）。

图7　早期的智能楔

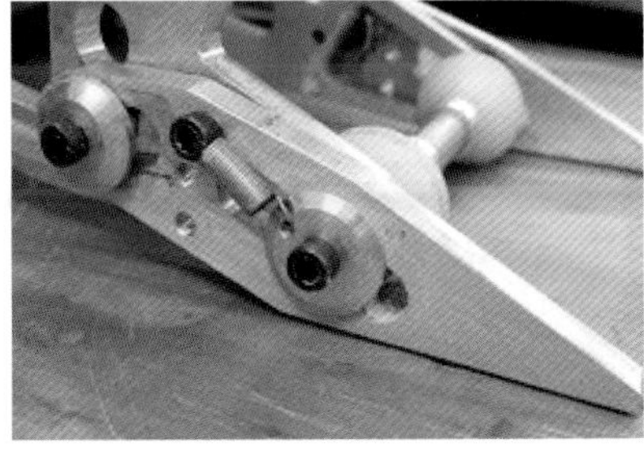

图8　Heatherington 在他家 90 多英尺高悬挂一根无线电天线

Heatherington 甚至设计了一个只有 0.45 千克重的机器人，该机器人在“常规格斗”中采用了鳍状肢设计：美观的飞轮驱动的哺乳动物 Thrasher，以及可在封闭空间中伸缩的弹簧。他的计算器精细算出飞轮和弹簧张力、偏斜和轨迹。试验视频详细展示了构造、特征和试验结果。Heatherington 是真正的创客。他张贴发布了他的失败和成功设计。他讨论了某些设计失败的原因，然后在此基础上展开讨论。他告诉你，他将如何踢飞你的机器人。

我们看一下他最成功的机器人的设计架构：5.44 千克的 Omega Force。这个强大的自动投掷装置自 2006 年以来一直在参加比赛；最近是在 2004 年，再次获胜赢得了 5.44 千克的托臂。

“它取得的胜利最多，受人喜欢。人们喜欢看机器人被抛到空中并扔下舞台。我也不例外。”

该机器人基于他自认为最坏的机器人而制作：Omega Force 的无名前身。这是一个可倒转的旋转式投掷装置，配备 6 个轮子和复杂的接合体。当某个东西难以用言语描述时，制作起来可能就会相当难。事实确实如此。事实上，整个想法很愚蠢。”

然而它太美了。虽然复杂，但漂亮地完成了。任何奇客都会心仪它。它看起来难以驾驭，但特别酷。却因为一些实际原因，它只能被放弃。

实现的 Omega Force 版本体现了 Heatherington 的设计理念：“使其易于驱动和使用自动化武器。”

看一下 Omega Force 的构造图片：一款三角型、可倒转的自动鳍状肢机器人。这是“智能楔”首次出现，他自此后将该设计进行改良并应用于其所有项目。

智能楔可以清除阻挡机器人的障碍物。在他的网站建设报告页面上，他所做的每一个决策都记录在案。其设计和制造细节可供任何人阅览。讲述准确清晰。他的赛事报告很有趣。

Heatherington 声称，他的设计中并未有意识地尝试加入艺术成分，但却有清新的线条，没有任何多余的东西。他的格斗绝对充满艺术气息。他操纵机器人如同他制造机器人一样精确。这两者都非常有效，不过他做的橡胶蛇有一次被卡在传动系统中了，看来即便小型机器人大师也免不了犯傻。

甲虫量级格斗机器人

Brandon Young 撰文　赵俐 译

到目前为止，我涉足格斗机器人领域已有四年（从 2010 年开始），通过参加这项运动，我对工程设计有了更多的了解。本文记述了我首次投身于全定制甲虫量级格斗机器人（El Destructo）的经历。

图 1

图 2

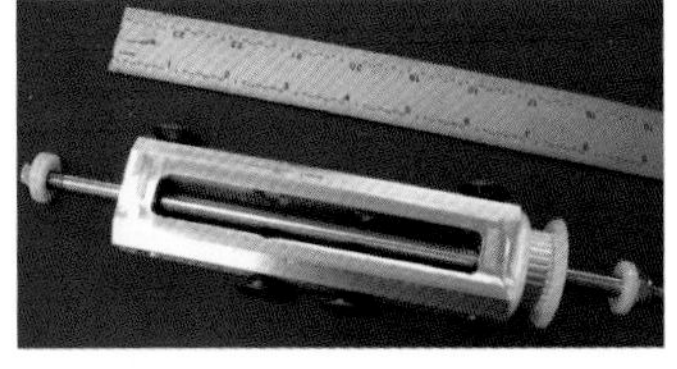

我主要的机器人是 Play'n Krazy (PK)，这是基于一个底盘制作的Weta套件，这个底盘是名为Zac O'Donnell的一名竞争对手，在 2011 年 10 月举行的富兰克林研究所竞赛上送给我的。我使用来自 Kitbots 的 Pete Smith 创建的推荐部件制作了 Play'n Krazy（图 1）。可在以下网站找到该套件：www.teamrollingthunder.com/Kitbots/3lb_Kits/Weta1/body_weta1.html。

PK 连续在富兰克林 2011 和 Bot Blast 2013 上赢得了第三名，并在 Bot Blast 2013 上获得最受欢迎奖。PK 参加了很多比赛，是非常可靠的主力。但是，我一直渴望使用与创客们交流并研制 PK 后所积累的知识来创造我自己的机器人。

在我从 BaneBots 那里购买了最后几个 24 毫米的 16：1 齿轮箱后，我开始付诸行动。我喜欢它们的大功率和速度，这让我有强烈的动力去超越对手。

然而这些电机比 KitBots 出售的常规 1000 RPM 电机要长得多。这激发我制造一个足以容下此宽度的非常宽的搅拌器杆。

由于我无法制造出搅拌器杆，我请求 Smith 先生帮我加工一个定制搅拌器杆（图 2），这要比他制造的常规 Weta 搅拌器杆长得多。搅拌器杆和电机的结合是 El Destructo 的设计的关键。

然后我打磨了与 Weta 类似的车架纵梁（图 3），只不过我让底盘外形更薄，更接近直角。在这个构造阶段，我联系了一位朋友，他的父亲经营一家机械工厂，我从他那里成功获得了一些精制的车架纵梁（连同定制的刻字工具！），然后开始着手工作（图 4）。

El Destructo 在 Franklin Institute 2012 上首次参加比赛，以 2—4 惜败！

在半决赛中它输给了一个 BattleBots 玩具 D-12，因为它的武器带中途掉落，加之 D-12 的操控者 Brandon Nichols 控制得非常好。然后 ED 参加了 Motorama 2013 赛事（图 5），以 2—2 打平，最终被一个名为 Traumatizer 的卧式旋转器毁坏。

除了武器带掉落之外，主要问题在于，车架纵梁由一种名为 Delrin 的软塑料构成，而非 UHMW（通常可在 Weta 套件中找到），这使框架更脆，容易破裂 — 在与 Traumatizer 的对决中就出现了这一情况。另外，我在 El Destructo 中安置的 BaneBots 电机开始分崩离析，所以我最后将它们卖给了一同参加机器人格斗的 Chris Olin。

图 3

图 4

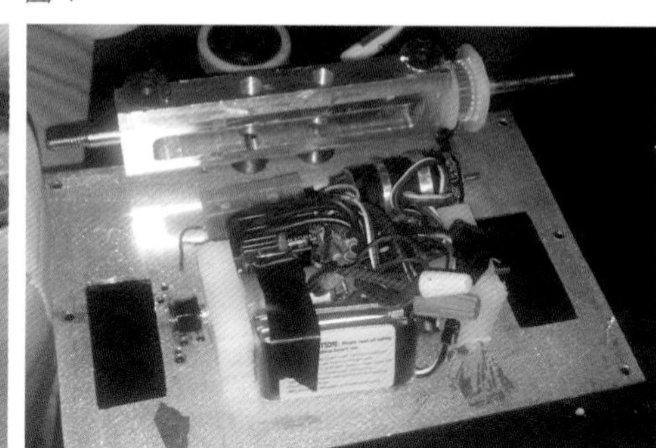

图 5

图 6

为了准备参加 Bot Blast 比赛，我将黑色 Delrin 替换为白色 UHMW，将驱动器换为 1000 RPM 电机，并且使用了更薄的 BaneBots 车轮。完成所有这些准备工作之后，我带着图 6 所示的机器人参加了 Bot Blast 2013。

在该赛事中，El Destructo 在第一场比赛中面对的是 Robo-Rooter，它是以高端轮毂电机为武器的一个卧式旋转器。尽管我赢了，但最终损耗严重。底盘变形，驱动电机变得不稳定（电机内的刷子弯曲了），加之武器杆少了一个轮齿，轴变弯曲，这使得它大大失去平衡。

尽管 2 比 2 打平，但这一战毁坏了机器人，我不得不让它退休。如今，在它退出比赛两年后，我决定再次复活它。我一直很喜欢它，因为它非常宽，这有利于防守。该机器人的主要区别在于，我改变了它的形状。

车架纵梁不再有如此大的楔形波和较薄的外形，它们如今有很厚的外形和特别小的楔形波。

这些楔形波还将可通过螺栓固定到框架，因而可在被损毁时进行替换（我携 PK 在 Motorama 2015 上对战 In the Margins 后学到的经验）。

图 7 和图 8 展示了 El Destructo 的现状。El Destructo v2 将有望成为对 Bone Dead Robotics 战队有益的产品。

图 7

图 8 

格斗机器人套件的影响

Nate Franklin 撰文　赵俐 译

如果你去参加机器人格斗比赛，一定会看到由套件装配的机器人。无论它们是现成的机器人还是自制的机器人套件，这些套件让新的创客能够加入这项运动，并且让他们学到如何维护机器人的有用技能。

很早就有人尝试制造格斗机器人入门套件，其中最著名的两个是 VDD 套件和 Battlekit。

尽管 VDD（Vertical Disc of Destruction）不是入门级，但也不是完整的套件。该套件由 Ted Shimoda 继同名蚁量级套件的成功面世之后创造。该套件由碳纤维棒、橡胶 CA 胶水和芳纶纱线形成一个框架。

此外，它包含两个驱动电机齿轮箱、一个武器电机齿轮箱、一个刀片和一个为将刀片固定到电机轴而制的特殊毂。

VDD 套件当时很受创客们的欢迎。有些人不使用整个套件，而是仅使用刀片和电机。该套件的独特之处在于，它不仅仅是一个单一的设计。框架的开放性使创客能够为他们的机器人制造出不同的形状。

Battlekit 基于 Carlo Bertocchini 成功研制了重量级机器人 Biohazard。该套件不只是专为格斗机器人而设计，其中有轻量级、中量级和重量级框架，电机和调速器配备自主动力系统模块和预钻孔基座。

该套件不是很受欢迎，但因是较重型类别中唯一的套件而闻名。

VDD，VDD 套件的基础

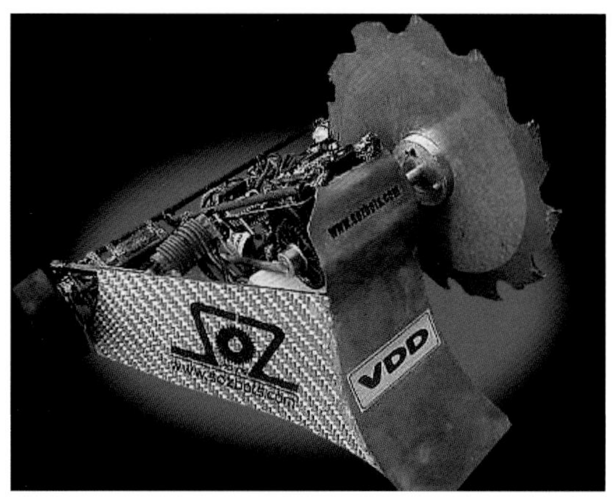

一个轻量级 Battlekit

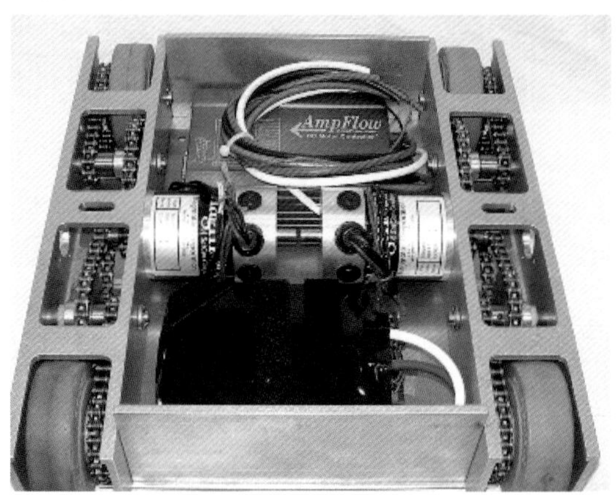

在 3 磅的甲虫量级套件中，来自 Rolling Thunder 团队的 Pete Smith 研制的 Kitbots 是最主要的机器人套件。Kitbots 基于 Pete Smith 的机器人 Pure Dead Brilliant（一种卧式下刻机）、Trilobite（一种可更换楔形砖）以及最受欢迎的 Weta（一种搅拌器 / 滚筒式旋转器）。Kitbots 还有一个名为 Saifu 的蚁量级套件——一种缩小版 Weta，设计有一个内部由电机驱动的旋转滚筒。

制作套件的灵感来源于他当时在机器人身上使用的 Nutstrip 材料。利用 Nutstrip，他能够更轻松地制造机器人，在竞争中立于不败之地。

收到一所当地学校的请求之后，Pete 最终出售了他的套件。

谈到他的套件，Pete 说，“在设计一个套件时，我着重考虑三个方面。首先，它必须具有竞争力。其次，它制造和维修起来要相对简单。第三，它要经济实惠。我构建了原型，并以原型为基础按需调整设计，然后将其作为套件或成套机器人推向市场。”

Kitbots 在竞赛活动中为许多缺乏经验的竞争对手提供了优势，而且部件易于更换和集成到新设计中。Pete 还认为，他的套件改变了重量级套件演化的方式。

创客必须制造出更上乘的机器人才能与久经考验的 Kitbot 设计相抗衡。

同时，FingerTech Robotics 将其自己的套件投入市场。对于蚁量级套件， Viper 套件成为新创客的首选。FingerTech Robotics 的经营者 Kurtis Wanner 希望让新的创客们更容易加入机器人格斗运动。

“十年前，参加机器人格斗运动的难度非常大。当时还没有任何门店专门设计和制造面向小型格斗机器人的零部件，因此创客们只能到当地业余爱好者商店去找零部件——通常用于 R/C 汽车和飞机的零部件。我认识到，我可以通过供应成套部件免去搜寻零部件的麻烦，从而帮助发展这项运动。”

十年前，他决定涉足这一领域。“第一个套件包括一个 75 MHz 的 Hitec Ranger III 无线电设备、带塑料运动轮胎的两个 Tamiya HP 变速箱、一个 Scorpion ESC 和一个 7.4V 锂聚合物电池。（使用何种材料由创客自己决定）仍有很多工作要做，但至少创客知道他们没有浪费钱在可能无法很好地协同工作的部件上。”

多年来，业余爱好者商店中的部件逐渐被定制 FingerTech 部件取代：Spark 电机、tinyESCs、Lite Hubs 以及定制“Viper”底盘和装甲。

多年来，Pete 见证了这项运动的积极变化，他表示，“最初的 Viper 套件出售给了大约 200 名创客。”

今年，我们发布了新的 Viper V2 套件，该套件融合了我们过去 5 年销售 V1 所学到的东西：更强的底盘和装甲，可应对如今一流的旋转器；急速轮毂；速折卸的接线端子和电机线束，适用于不擅长焊接的人（即使你擅长焊接，在一个活动中能省去这项工作也是好的！）；还有选配的升降机和旋转器附加组件，适用于希望从基本楔形设计升级其机器人的创客。

不同尺寸的 Nutstrip，旁边的参照物是一枚 25 美分硬币

Pete Smith 手拿 Trilobite，这是他的一个甲虫级套件的基础

一个活动中的若干 Kitbots

我想这意味着，200 名新创客能够加入并角逐全国的格斗机器人赛事。在我们当地的 SCRC Kilobots 赛事中，我过去常常看到，新创客因其机器人表现糟糕而气馁。如今有了 Viper 套件，他们从一开始就极具竞争力。这样可以留住更多的创客，而且 Viper 可作为新设计的基础。”

来自 Misfit 团队的 Zachary Lytle 正在通过 FingerTech Robotics 出售他自己设计的一套组件。他开展了一项名为 Bot Bash 的派对服务，其中各年龄段的孩子都可驾驶机器人，有不少父母和孩子向他问起如何入手制作这样的机器人。

这促使 Zachary 在 2012 年 10 月这一期的 SERVO 期刊上写了一篇文章，其中分步详细说明了如何制作一个简单的楔形蚁量级（1 磅）机器人。紧接着他在 2013 年 4 月这一期写了第二篇文章，详述如何制作一个升降或夹持机器人。

在 FingerTech Robotics 的帮助下，这些套件可供热情的创客购买并开始使用。对 Zachary 而言，这是一次有意义的经历，因为他看到有年轻的创客拿着自己设计的套件参加这项运动，享受着他们的黄金时光。他说，“看着孩子们这么喜欢机器人，让我觉得研制套件所付出的一切努力和遇到的挫折都是值得的。”

昆虫类机器人不是涉及套件的唯一地方。RRevo（机器人革命）最近催生了由 Bradley Hanstad 设计的一个 15 磅的套件。Hanstad 对格斗机器人套件并不陌生，因为他最开始接触的是前面提到的 VDD 套件。

他之所以制作这些套件是因为南加州需要具有教育意义的机器人格斗联赛。

入门套件包括一个喷水的铝框、针对其两个由创客决定电机的一个 ESC、锂聚合物电池和轮子。在此之后，应对机器人做怎样的改造。

Kurtis Wanner 以及 Viper 套件（从左到右）：Kitbot，一个改装的 Viper 套件；Lift；Spin

RRevo 套件

Zachary Lytle 和一名年轻创客手中拿着他设计的两个套件

Bradley 设计该套件的理念是，“我制造这些套件是为了带来更便宜的入门套件，提供比市场上的任何部件远远更好的部件。这是一个全面的套件，含有运行一个机器人所需的一切部件， 而且它在合适的位置提供额外的辅助工具，让初学者操作起来安全便捷，同时它提供一些模块化设计以便适应你的个人设计，而不会让套件太过复杂和强大。我坚信，如果一个套件一开始就造就太过强大的机器人，就永远不应出售。否则，就失去机器人格斗运动的意义了，也即学习并创造自己的机器人。”

www.robotcombat.com/products/battlekits.html

www.kitbots.com

www.fingertechrobotics.com

http://botbashparty.com/over-drive

www.rrevo.com

Bradley 的套件得到加州多所学校的使用。他希望这有助于这项运动发展壮大，并帮助孩子们对机械工程有更多的了解。

尽管这些套件可能并不适合于所有人，但很明显它们在这项运动的发展中起到了重要作用，并且在未来几年将继续发挥这样的作用。

技能培养——更娴熟地驾驶

Michael Jeffries 撰文　匡昊 译

机器人格斗是设计极具多样性的一项运动。你会看到旋转器、升降装置、轴、压碎机、推进器和一系列其他东西在不断打破一场赛事中的安全和合法性限制。在许多方面，这就像是一场别出心裁的石头剪刀布游戏。

图 1　一个基本测试区域，用于相对安全的武器系统

除了一些更复杂的机制和设计之外，石头、布和剪刀都有一个共同的元素。它们都需要被驱使。好的驾驶能力可以让一个简单的机器人看起来棒极了，而糟糕的驾驶能力会使一个设计精美的机器人一败涂地。

成为一名好的驾驶员最好的办法是尽早造出你的机器人，在参加第一场赛事之前以及众多赛事之间尽可能多地驾驶它。

提高驾驶能力的一个重要因素是，除了考虑你需要用控制器做什么之外，更重要的是考虑你想要机器人做什么。

这里有一些可增强基本驾驶训练、帮助你提升速度的一些技巧。

该测试区域使用一个托盘、一些胶合板和大约 4.87 米的 2 英寸铁角撑架建立。

打靶训练

基本的驾驶训练固然好，但要成为一名好的驾驶员，需要做的远不止是驾驶你的机器人四处走动。在机器人格斗中，你旁边还有另一个机器人。仅驾驶机器人可以让你熟悉机器人的驱动方式，但追逐一个活动并且通常飘忽不定的目标可让你为格斗做好准备。

如果你可以找人来帮助你训练，一个通常的选择就是让他们驾驶一辆廉价的遥控车。他们试图躲避；你试图击中这辆车（所以要用廉价车）；这一追逐每次持续约三分钟。按照实际比赛间隔时长训练才能为定时格斗赛做好准备。如果你没有在三分钟内完成这一目标，就不会有时间完成它。

使用这种方法训练时，有一个大小和表面类似于实际战斗竞技场的测试区域会很有用。这不是必需的，但很有帮助。

如果没有人愿意当你的靶子，或者你想要更小且更廉价的目标，我最喜欢的驾驶训练游戏之一是“攻击 Weazel 球”。

玩这个游戏需要先获取一个 Weazel 球（或通用的山寨货——这不重要）并去除尾部。去除尾部后，接通球的电源并将其放到测试区域中。现在的目标是关闭球的电源或弹开外壳。同样，按照实际比赛间隔时长执行此操作，提高训练的准确度。

标准的 Weazel 球最适合训练 150 克到 1.36 千克的机器人。在测试中，我发现 1 磅的旋转器的动能冲击足以关掉这个球的电源，而不对球的完整性造成任何严重损害。

如果你计划在武器系统运行的情况下执行驱动测试，那么必须做的一件事是确保测试环境是安全的。对升降机和抓具而言，这不是一个很大的问题，因为它们通常并不比机器人整体危险。

对于轴和升降装置，你要么需要一个测试用的外壳，要么需要你和训练区域之间有很大的距离。对于高功率旋转武器，测试箱必不可少。

测试箱需要满足的关键条件是，四面墙和箱顶必须能够包含你的武器系统。这可以通过你喜欢的任何材料实现，只要它们足够厚，足以应对你的机器可能带来的损害。

对于你不需要一眼看穿的区域，胶合板是一个不错的选择，因为它便宜且有一定的厚度范围可供选择。对于你需要一眼看穿的区域，聚碳酸酯是最佳选择。昆虫可侥幸逃脱一个测试箱中相当薄的聚碳酸酯板，因为你要确保它不让弹片脱离，而不用担心它受到最严重的攻击而仍在使用。

在选择材料时，请记住，对于昆虫机器人而言，许多赛场使用 1/4" 聚碳酸酯，而对于较大的机器人，1/2" 和 1" 聚碳酸酯并不少见。要确保安全和将损害保持在赛场上。

图 2　独自训练时一个花式 Weazel 球会是一个不错的目标

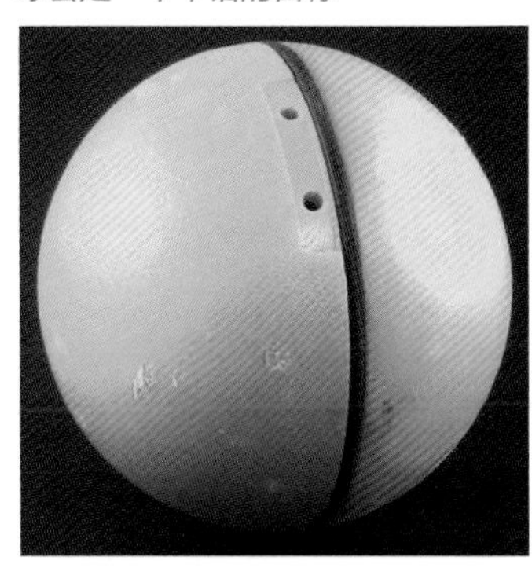

图 3　能够处理旋转武器的一个测试箱需要四面墙和一个箱顶

图 4　有一整系列行程可使用

油门控制

大多数无线电系统和电机控制器支持使用 +100% 与 –100% 之间任何位置的油门。大多数驾驶员几乎都使用 –100%、0% 和 +100%。

这不是最理想的情况。像这样驾驶往往会使一个机器人在整个赛场上疯狂全速行进，首先将头部撞到墙上。

花时间学习如何使用全系列行程（使用线性或指数设置）将有助于更顺畅地驾驶。顺畅的驾驶就意味着驾驶是可控的，而可控的驾驶将带给你优势。

我更喜欢快速的机器人。我在赛事中操作的机器人通常都是一些在同类产品中最快的机器。大部分时间里，我几乎不使用全速。

在比赛中我大部分时间都将油门控制在 50% 以内，仅当我排队等候或试图避免攻击时才会达到行程极限。尽管如此，当我参与的格斗由裁判定胜负时，我往往在攻击行为上得分较高。

那么为何驾驶较慢且更可控的机器人在攻击行为上能得高分？

道理很简单：攻击行为与机器人快慢无关。攻击行为并非机器人不断朝其对手的大概方向上撞过去。攻击行为是指机器人成功击中其对手。猛烈攻击时未击中你的对手而撞到墙上只会给他们制造机会。

速度快固然好，但准确性高更好。

质量与数量的比较

Pete Smith 撰文　赵俐 译

我的 Saifu 套件上的滚筒运行得很好，但当它们失效时，通常都是因为同一个问题：曲轴。

滚筒一端使用一个带肩螺钉作为驱动轴，一端使用 Outrunner 本身的轴（图 1）。起初，我使用了一个 3/16" 带肩螺钉，这是故障点。我通过将其替换为 1/4" 带肩螺钉修复了这个问题，然后薄弱点变成 Outrunner 中 1/8" 直径的轴。

图 1　旧式滚筒

重击之下，这个小轴会弯曲，然后电机会失灵。

现有的设计易于构建，因为整个电机将被粘到滚筒中，但显然我们需要一个更牢固的解决方案。我的第一个想法就是换用一个更牢固的电机轴。一位客户尝试使用了钛合金轴，但效果并没有好到哪里去；我接下来的想法是使用一个定制硬化钢电机轴。

图 2　Algos

这可能是有效的，但硬化钢是一个复杂的课题，并且恰当地将硬度和韧度混合起来是很棘手的一件事。另外我考虑另一个解决方案也有一段时间了。

这个解决方案就是拆开电机，使用一个更大直径的定轴和大得多的不同滚珠轴承来安装滚筒和转子（有永久磁铁的电机部件）。

定子（有电磁铁的部件）将仍然安装在底盘上。

最棘手的部分是确保转子与定子始终同心，而且永久磁铁和电磁铁仍然正确对齐。

最终促使我这么做的原因是，Mike Jeffries 在其蚁量级套件 Algos（图 2）中成功实现了非常类似的设计，该套件在今年的 Motorama 上一举夺魁。

我使用了 SolidWorks 2005 来设计各个部件。最终设计的横截面，如图 3 所示。轴（浅蓝色）位于底盘中，右侧是定子（浅绿色），左侧是法兰衬管。

应当指出的是，这是一个“定”轴，它不随滚筒旋转。左边的衬管仅用于定位底盘中现有的一个大孔中的 1/4" 5 级钛合金轴。两个法兰滚珠轴承（粉红色）支持滚筒在轴上自由转动，垫片和垫圈保持滚筒相对于定子轴向定位。

转子（米色）被粘到滚筒的一端。

否则滚筒就像之前（图 4）一样，两边各有一个齿式轴，插槽经过碾磨，便于移除和替换转子。新设计的一个优势是，由于电机上的钟形外壳无需间隙，齿式轴可以间隔更远一些——1” 而非 0.7"。

我的第一个任务时拆除 Turnigy 28-22 Outrunner 电机。使用轴上的一个小卡簧将钟形外壳和轴固定到定子上。

可以用一套特殊的钳子完好无损地取下这个卡簧，总装中不需要它。因此我使用一把小型一字螺丝刀将其弄弯，并用一把细嘴钳取出剩余部分。

定子中压入了两个小滚珠轴承（图 5），需要将其取下。

我首先在一个略有不同的旧电机上试着取下它们，它们立即弹出，但我所选电机上的滚珠轴承没那么容易取下。我使用了一个小锤子和一个钝头冲床。这将大一点的那个滚珠轴承取了出来，但我得（小心）使用我的钻床才能

图 3　横截面

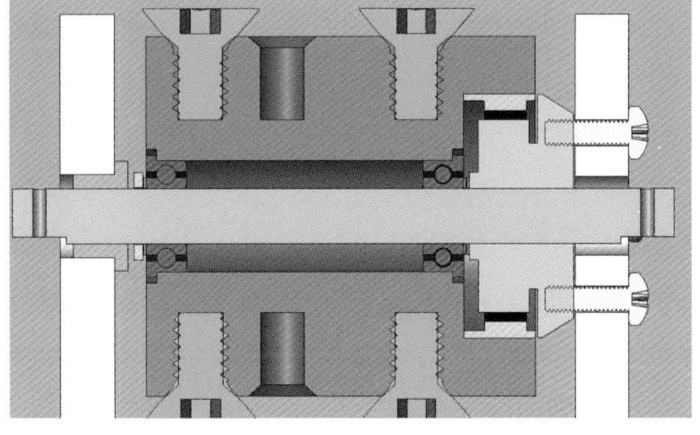

图 4　滚筒总成的 CAD 版本

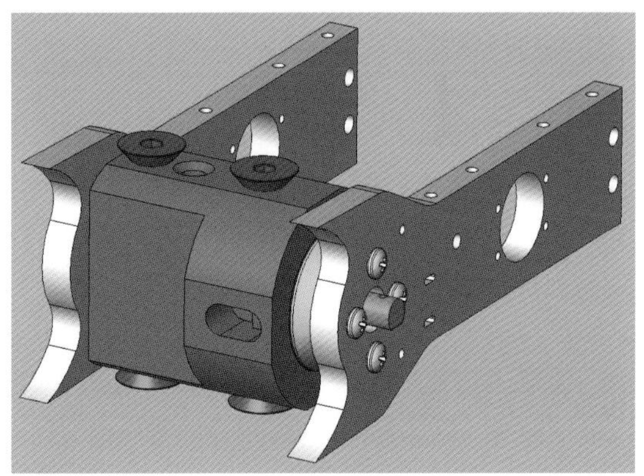

图 5　轴承

取出另一个。这很容易损坏定子外壳的软铝，我损坏了两个电机，最终才成功取出了滚珠轴承（图6）。

两个轴承之间留下的孔在试验所用电机中直径约为 1/4"，但在我最终使用的电机中稍微少一点。

我在操作中将孔钻到 1/4" 处是为了确保它与轴紧密滑动配合。如果太松，定子和转子将不再同心；如果太紧，轴承将难以适应且难以拆卸进行维修。

我用夹钳轻轻夹紧车床上的转子并仔细加工它（图7），直至两个部件分离，从而将钟形外壳和旧的 1/8" 轴从转子上取下，留下转子作为一个单独的环（图8）。

滚筒本身是 7075 铝合金。我将外表面的直径调低至 1.7"，使用 15/32" 钻头钻出中心，然后扩孔到 0.500"（滚珠轴承的外径的大小）。

下一步是使用镗杆为转子加工凹槽（图9）。

图6　损坏的电机

图7　取下钟形外壳

图8　转子

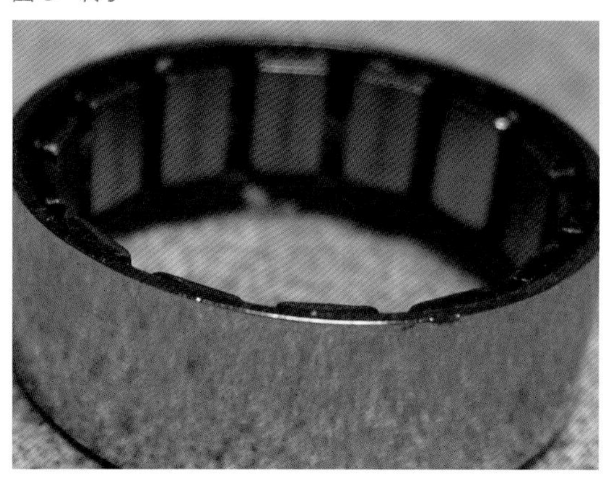

图9　为转子加工凹槽

图 10　轴承法兰的沉孔

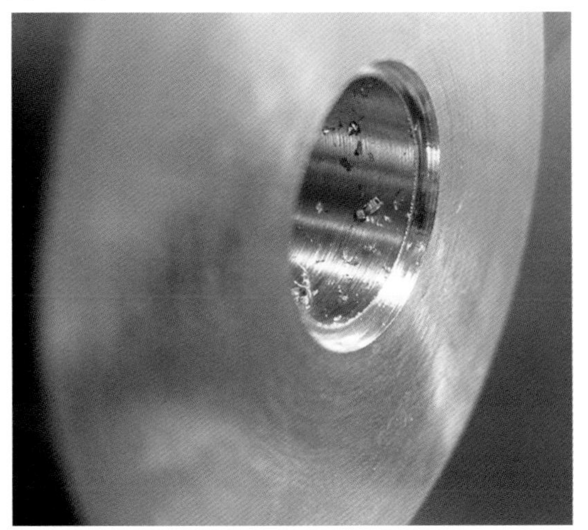

图 11　加工平面

图 12　使用一个虎钳挡块和巡边器

图 13　减重

凹槽需要紧密滑动配合转子。然后为轴承法兰将小凹槽（图 10）加到 1/2" 的每一端。为了确保滚筒外部的部件都正确彼此叠放，我在滚筒的一端加工了一个平面（图 11），然后将该部件翻过来，使用这个平面定位滚筒，在对面加工一个匹配的平面。然后将该部件旋转 90°，两个平面使部件匹配虎钳，这样一来便可在第一对平面 90° 处添加更多平面。

一个虎钳挡块和巡边器（图 12）以及我的铣床上的 DRO，便于快捷定位和铣出齿式轴安装孔和槽沟来撬出转子。最后一项主要加工工作是从滚筒中取出足够的材料，使其重量下降至约 4 盎司（图 13）。

我选择了凸缘轴承（图 14，McMaster，部件号：57155K323），因为易于限制将它们压入膛孔中的深度。然后我选择了屏蔽式轴承，因为它们可防止灰尘进入轴承，而又没有完全密封的轴承所带来的阻力。我还检查发现，速度额定值超过了滚筒可能的最大 RPM。

243 磅的额定动载荷似乎足够了，但我们的应用已远远超出正常的使用范围，因此为任何量级的格斗机器人确立额定动载荷与实际效果之间的关系将会非常困难。

我尝试的第一个轴承无法契合 1/4" 钛合金轴，甚至在我将轴去毛刺并在车床上快速打磨它之后，它仍然压装在轴上。

由于地面钛合金轴应该不到 1/4"（而轴承刚到超过 1/4"），应当易于滑动配合，我决定尝试另一种轴承，它直接就对上了！

我买了四个轴承，其余轴承都能毫无问题地装配到轴上。我们要吸取的教训是，不要认为，如果一个轴承不适合，所有类似的轴承就都不适合。我测量了轴，它并非尺寸过大，所以我早应猜到，问题出在特定的轴承上，而与轴无关。

轴承轻压配合膛孔，而转子则使用“GOOP”粘合剂（图 15）固定好。电机的定子侧被拧到底盘的侧壁（图 16）。确保没有一个螺钉碰到连入电机的导线或磁体本身的线圈，这一点很重要。

我用小尼龙垫圈隔开螺钉来实现这一点，在两个螺钉下加两个垫圈，在另两个螺钉下加一个垫圈。

图 14　凸缘滚珠轴承

图 15　使用“Goop”粘合转子

图 16　安装在底盘上的定子

图 17　轴上的垫片

图 18　平衡滚筒

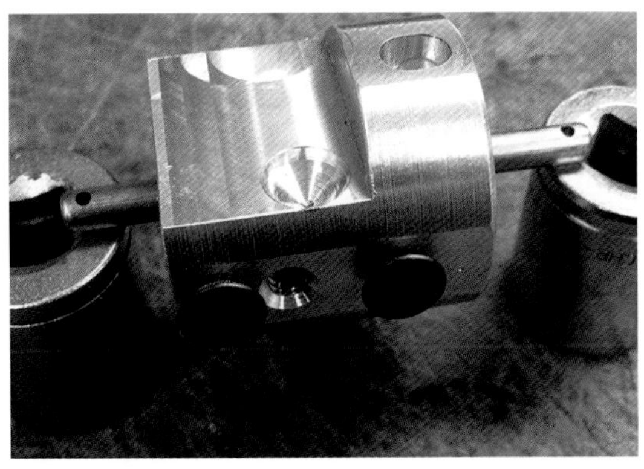

图 19　垫圈和开口销

图 20　测试滚筒

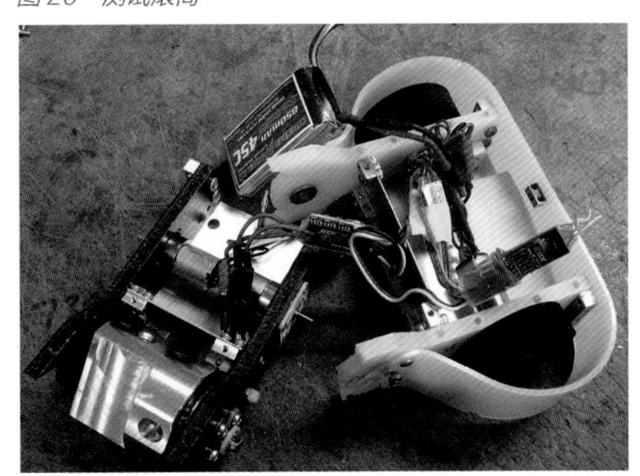

我将滚筒组装到轴上，并加了若干垫片（图 17）来维持转子相对于定子的正确轴向位置。我发现，两个垫片使定子和转子之间产生类似于原始电机的间隙。

下一项任务是平衡滚筒总成。我将它安装在轴上，在同一高度的两个插槽上支撑该轴。屏蔽式轴承允许滚筒自由旋转，且重侧将始终待在底部。

我一定是在对滚筒减重时犯了一个加工错误，因为要从重侧钻出很大一块凹陷才能适当平衡滚筒，而不反复停留在任何一点（图 18）。

这只是产生静态平衡，但因为该部件围绕轴线对称，这通常足以满足我们的需求。

将滚筒组装回到底盘，使用一个垫圈和一个开口销将轴固定在各端（图 19）。

然后我将 Saifu 套件的电子线路连接到新底盘中的定子（图 20），测试了滚筒，它旋转顺畅，没有任何问题。

组装套件被运到客户那里，并制造成蚁量级机器人 Hopeful Narwhal（图 21）。在我写这篇文章时，它参加了加利福尼亚州的 RoboGames 赛事（赢得至少一场格斗）。

下一步，我要用类似的滚筒重建我的 Saifu 套件，在今年夏天的 Clash of the Bots 赛事上一争高下。然后，如果它表现不错，我会以此设计为基础制作一个面向公众的新套件。

我想我还会制作此滚筒的 3 lb 版本，在改装的 Weta 底盘中试用它……为此有很多事要做！

图 21　Hopeful Narwhal 机器人

03 跟 MR.Roboto 动手做

Ask Mr.Roboto（跟 MR.Roboto 动手做）是《Servo》杂志的一个特色专栏，由机器人专家 Dennis Clark 主持。读者可以根据自己在机器人或电子制作过程中遇到的问题，通过 roboto@servomagazine.com 的邮箱向 Mr.Roboto 提问或寻求帮助。Roboto 先生的解答可以带领读者一起完成硬件和软件的动手制作过程。

3 种创新挂件的融合：Digilent chipKIT 板系列、4D Systems 的 PICadillo 和 UECIDE

Dennis Clark 撰文　符鹏飞 译

PICadillo-35T 3.5 英寸电阻式触摸屏

没错，4D Systems 的 PICadillo 确实是基于 chipKIT 主板方案设计的，它采用了 chipKIT 的 bootloader，还包括了一块 3.5 英寸电阻触摸屏（可以将所有操作都归结为最终的触摸动作）。它的主控芯片 PIC32MX795F512L 处理器拥有主频为 80MHz 的 32 位内核、512K FLASH 以及 128K 的 RAM，再加上一块 320x480 的 HVGA 显示屏，它就成了你所拥有的一个优秀的试验平台。

图 1　PICadillo

Majenko Technologies 既是 UECIDE 的创作者，也是 4D Systems 的合作方（反过来说也一样）。他们为 PICadillo 创建了一个简单的图形库，可以调整其显示和硬件。如图 1 所示：这里的硬件不仅仅有微控制器和显示设备，还包括了标准的 chipKIT UNO32 I/O 连接器组（类似 Arduino，但拥有更多的 I/O 引脚和端口），以及一个声音很大足以输出 game note 风格声音的扬声器和（哇！）集成的 micro-SD 卡槽。你可以在 4D Systems 网站获取该硬件的详细信息：www.4dsystems.com.au/product/Picadillo_35T/。

4D Systems 宣称 2GB 是你应该使用的最大尺寸，但我手头并没有任何小卡，因此我用了一个 4GB 的卡，而且还工作正常。不过由于该卡需要使用微软 FAT 格式，而这是一个嵌入式的控制器，因此卡的容量变大会导致一些性能损失。因为使用 FAT 文件格式会消耗更多的功率，我怀疑系统变慢就是因为我使用了比官方推荐的尺寸更大的 4G 卡所致（关于速度稍后还会谈到）。

在你上手之前，当然，你首先需要安装 UECIDE。这个 IDE 与操作系统无关，可以安装在任何系统上。你可以查阅之前的 2014 年 11 月跟 Mr. Roboto 动手做的专栏，了解如何获取并设置 UECIDE。

Majenko 为 chipKIT 环境创建了一个很有用的图形库，而且功能强大。我使用它们的库所自带的示例文件做了一些实验，不能算是特别深入。

下面是这些库的列表。

TFT：用于 chipKIT 和各种显示器的通用显示设备库。这里有你所期望的绝大部分基本图形，如线、圆、矩形、位图、文本等。它也可以提供一些文字字体，并内置了几种显示屏通讯标准。

BMPFile：位图文件渲染库，需要从 micro-SD 卡中读取文件。

Raw565File：加载和显示原始 RGB565 文件。

Widgets：基本的部件库，实际上目前它仅有 button 和 bar 这两种部件，但显然这个名单最终会变长。

gciWidget：该库的支持来自 4D Systems 的 Workshop 4 IDE 的布局，用于支持他们的 GCI 部件对象。

你可以从 Github 上下载这些库，网址是：https://github.com/TFTLibraries[1]，Majenko 还在 https://github.com/TFTFonts 上提供了几种字库。

我不会详细介绍它们，因为它们使用的都是类似 Hazard 以及 DejaVusans 这样描述性的名称。我还没有试用过所有这些函数，不过我发现有一个示例程序需要 Liberation 字体，如果要编译代码，我就必须把该字体放入到 UECIDE 的相关程序的文件夹中才可以，因为这个原因，关于库及其安装路径我需要多介绍一点。

UECIDE 遵循的是 Arduino 和 MPIDE 的哲学，你必须把你的非系统默认库放在相关程序的目录下。对于 UECIDE，该文件夹实际上被称作 uecide/libraries；在 OSX 系统中，它位于用户的 Documents 文件夹下面；而在 Window 系统中，取决于具体的操作系统版本，该 UECIDE 文件夹

---

1 实际上其中的 TFT 库被弃用了，代之以：http://github.com/MajenkoLibraries/DisplayCore。

可能放置在不同的地方。很抱歉，我无法提供更明确的信息，因为我所有的工作都是在MAC上完成的，我没有在 Windows 操作系统上工作过。

那么，它是如何运行的？和我已经做过的大多数情况一样，答案是要看“依赖关系”。考虑到它是和 micro-SD 卡通过 SPI 连接的（如同我们大多数人使用的一样），其显示速度令人印象深刻。PICadillo 的真正亮点在于处理图形输入输出时并不需要从 micro-SD 卡读取数据。从原理图上可以看出，PICadillo 主板使用了 PIC32 的并口和 TFT 显示器的 16 位数据总线通信。一些示例代码显示，主板通过这种方法可以获得每秒 40 帧的速度。

从 micro-SD 卡中渲染位图图像的示例代码运行缓慢，这并不令人惊奇。很多位图图形的数据大小是 320x480 的，所有这些数据通过一个简单的串行 SPI 接口传输，同一时间只能传输一个比特。你可以通过使用非全屏尺寸来得到更好的速度，并且我敢打赌，如果我能找到一个 1GB 或 2GB 的 micro-SD 卡，我也将获得更好的传输速度。

它看起来怎么样？让我来展示给你看！图 2 所示是“cube”示例程序运行的结果，它可以在 TFT 库中所提供的 examples 文件中找到[1]。

你在图 2 中不能看到的是，这个立方可以同时绕三个轴旋转，旋转非常平滑而快速。图 3 显示了该程序所需的部分代码。

图 2　cube 程序运行结果显示在 lcd 上

我不想重新发明轮子，上例已经足以说明图形库的 API 是多么的简单了。尽管像大多数程序员一样，作者并没有对代码进行注释，因此我们或许会对一些方法的调用感到费解。不过你不必费解太长时间，因为显而易见的，在库文件夹中已经有了非常详尽的文档。文档非常清晰，似乎也很完整，尽管它在说明时可能使用了一些示例代码片段。

对于 4D Systems 来说，推出一个新的 TFT 类型的控制板却没有包含他们自己的（IMO）出色的控制系统 GUI 部件及工具实在是个耻辱！虽然 4D Systems Workstation 4 不支持 PICadillo，不过他们的部件库依然可见踪影，而且似乎还可以使用。实际上，在 gciWidget 库下面就有个示例程序，它将各种 4D widget 控件放在了界面中，并且所有的你所期望的功能都可用。不过截至本文撰写之时，

[1] https://github.com/TFTLibraries/TFT/tree/master/examples/PICadillo-35T/Cube

我还是不知道它们是如何配置的。查看图 4 可以明白我说的意思，这些控件运行的速度和它们在专业的 4D microLCD 上几乎一样快。

图 3　cube 程序的代码

图 4　4D widget 控制运行速度

公平一点的说，micro LCD 板使用了自定义的图形控制器，在这些图形部件方面提供了 100% 的专业支持；PICadillo 则运行在 chipKIT 环境，需要读写多媒体卡，并且还要给 TFT 显示器传输数据——而所有这些都需要同时完成，这相当不容易！我期待着能有更多更新的功能添加到这个 demo 库中。

图 4 中左上方的滑块和右上方的旋转拨号盘均能控制进度条、转盘和仪表的显示。两个开关（红色和绿色）选择哪个进度条及哪个模拟仪表处于活动状态。也许我的娱乐点很低，不过当我按动按钮以及拨动转盘并看着操作结果的时候确实感觉相当兴奋。

结论和印象

PICadillo 在 UECIDE/chipKIT 主板俱乐部中绝对是个梦幻般的新成员。它拥有大量的 I/O、一个快速的嵌入式处理器、容易上手的 Arduino 沙盒（执行环境），并在所有这些之上，还有一个 320x480 的 TFT 显示屏和一块电阻式触摸屏。你可以储存图形和文件在插入的 micro-SD 卡上，并为游戏或其他应用发出声音。

99 美元的价位让它成为 chipKIT 产品线中颇为昂贵的成员，不过只要你需要添加显示器，所有的嵌入式控制器的成本反正都会上升。

无论如何，想一想你能使用它完成的事情：在用户和机器人控制器之间创造性的使用图形来互动，或者……，在我看来，4D Systems 和 Mojenko 已经创造了一块美玉。

如果你正在市场寻找一个嵌入式显示控制器，你应该关注一下这块主板。我没有在任何人那里发现任何显示器与这个尺寸相当或更小的了，跟不用说还有超级容易使用的 chipKIT 环境。

为 4D Systems 的 PICadillo 35T 设计和使用一个 Workshop 4 IDE 集成的开发环境布局

Dennis Clark 撰文　符鹏飞 译

我提到过我还没搞懂在一个自定义的 UI 屏幕布局中应该如何使用 4D Systems 的 gciWidget 部件，我把这个问题发到了 4D Systems 的论坛上。在我发完一月份的专栏后的某一天，我收到了“Majenko”（UECIDE 以及 PICadillo 35T 图形库的开发商）的回答，答案是确实可以做到，不过这并不像 4D Systems 的 Arduino GUI 接口库那么简单，实际上，这几乎完全是个手工过程。以下是源自 Majenko 提供的基本步骤：

第 1 步

使用 Workshop 4 创建布局，通过使用另一个标准 4D Systems 3.5 英寸 microLCD 显示屏的模板将你希望使用的 widget 放置到屏幕上。PICadillo 35T 不被此 IDE（集成开发环境）支持，请确保你还记得所有 widget 的名称。

第 2 步

将 .gci 和 .dat 文件拖放到 microSD 卡中。

第 3 步

创建指针变量并加载实际文件（不要使用 .gci 或 .dat 扩展名，只加载文件名）。你可以用任何你喜欢的名字给这些指针命名，并将在类代码中使用相应的名称，如下面这段代码所演示的方式：

```
gciWidgetSet widgets(tft, ts, "/TEST~DTN");
gciWidget *meter;
gciWidget *angular;
gciWidget *sw;
...
```

第 4 步

创建 widget 对象，创建需要通过名称进行。下面代码段的第一行是从 microSD 卡中加载 widget，后续行找到这些 widget 并将它们分配给在第 3 步中设置的指针变量：

```
widgets.init();
meter = widgets.getWidgetByName
( “Meter0” );
angular = widgets.getWidgetByName
( “Coolgauge0” );
sw = widgets.getWidgetByName
( “4Dbutton0” );
...
```

第 5 步

我们现在必须将 widget 指定到 page 上，这里的 page 等同于 Workshop 4 IDE 中的 form。我们不能访问到这些 form（它们不在图形文件中），正常情况下，它们应该是被编译到标准 microLCD 硬件中的，但是现在我们不得不手工建立这些 page（你还记得放置那些 widget 的地方吧！）。

这段代码显示了做法：

```
widgets.setPage(meter, 1);
widgets.setPage(angular, 1);
widgets.setPage(sw, 1);
...
```

第 6 步

现在，你应该将前述的工作集成在一起了。你需要给 widget 添加事件，以使其对屏幕事件作出反应，这可以通过 attachEvent 函数来实现。下面的代码将 TAP 事件关联到 sw 部件的 swichPress 函数中，sw 部件是在第 4 步中根据 4Dbutton0 这个名称创建：

```
sw->attachEvent(TAP, switchPress);
```

下面是有效事件：

· PRESS：对应手指触摸屏幕的行为。

· RELEASE：对应将手指从屏幕抬起的行为。

· DRAG：对应手指触摸屏幕时，移动手指的行为。

· TAG：对应长按屏幕的行为（PRESS，然后经过小段延时后 RELEASE）。

· REPEAT：重复触发，快速按触屏幕。

你可以从 Workshop 4 IDE 中获取有效事件，在该 IDE 中，你可以选择你希望关联到其他 widget 的事件，也可以选择你想让 widget 向外部控制器报告的事件，这些事件在 Workshop 4 IDE 中都可以看到。

第 7 步

关联到事件的函数你必须自己写，该函数传递唯一的变量：一个指向指定的 widget 的指针。例如：

```
void switchPress(gciWidget *w) {
      switchState = !switchState;
      sw->setValue(switchState ? 1:0);
      slider->setValue(switchState ? 1:0);
      led->setValue(switchState ? 1:0);
}
```

关于 widget 指针，你无需做任何事情。但如果你想在几个 widget 之间共享同一个回调函数的话，该指针会很有用。你可以通过访问 widget 的用户数据来将 widget 彼此区分，下面是 widget 的一些数据变量，取决于具体的 widget 类别，不是所有的 widget 都支持下面所有的数据变量，不过名单还在持续增加中：

widget->setValue(n) - 设置控件显示的帧数。

widget->getValue() - 返回当前显示的帧数。

widget->getFrames() - 返回 widget 的帧数。

widget->getEventX() - 获取 widget 最后一次触摸事件的 X 坐标。

widget->getEventY() - 获取 widget 最后一次触摸事件的 Y 坐标。

widget->getEventDX() - 获取 widget 最后一次拖动屏幕事件的 X 坐标。

widget->getEventDY() - 获取 widget 最后一次拖动屏幕事件的 Y 坐标。

widget->getWidth() - 获取 widget 的宽度。
widget->getHeight() - 获取 widget 的高度。
widget->setUserValue(n) - 设置 widget 的单个“用户”数据。
widget->getUserValue() - 返回 setUserValue() 函数设置的值。

如果你想要找到一种区分多个 widget 的有效方法，那么可以使用最后两个函数，因为所有的 widget 都使用相同的回调方式。你可以在 widget 中设置从 0 到 0xFFFFFFFF 的任意一个值。

第 8 步

最后，如果要查询 widget 的所有事件，你可以调用 sample() 函数；如果要 widget 对传给它的事件作出响应，你需要在主循环中调用 render() 函数。运行主循环时尽可能快的调用这些函数，以减少延迟和响应时间：

```
void loop() {
      ts.sample();
      widgets.render();
}
```

正如你所看到的那样，使用 gciWidgets 是一个纯粹的手工过程，它不像在“正常的”4D Systems microLCD 显示屏上使用那么简单；当然，它也不是什么不可能完成的任务，你可以在获得些很漂亮的 widget 的同时，却不必做耗时费力的图形处理工作，更不用说通常这些 UI 部件都是需要的。

重新烧写 bootloader

Dennis Clark 撰文　符鹏飞 译

问题：我有一块 Digilent 的 chipKIT MAX32 主板，我一直在使用 Microchip 的烧录器对其直接烧写程序，因为我并不了解这么做会造成 bootloader 被替换。现在我想刷回 chipKIT 的 bootloader，我在 MPIDE 的 Tools 菜单中发现有“Burn Bootloader”选项，但是我似乎无法让它工作。我如何才能刷回 bootloader？此外，我还想在我的主板上使用你介绍的“UECIDE”集成开发环境，你给我的任何帮助都将不胜感激。

——Robo-Tommy

答：我从来没有在 MPIDE 中尝试过该选项。你正在使用 MPLAB 工具并需要将 bootloader 烧回到 MAX32，但你没有告诉我你使用的是 Windows 或者 OS X 的电脑，因此我将不假定或推荐 Microchip IDE（MPLAB X）在这两个平台上都运行。如果你已经使用 Microchip IDE，那么你应该已经有了 MPLAB X，当然如果你还没有，你可以按照以下步骤来获取并使用 MPLAB X，并用它重新烧写 bootloader。

需要准备的东西

如果你还没有 MPLAB X，可以在这里获取：www.microchip.com/pagehandler/en-us/family/mplabx。

为了享受更多的 Microchip 微控制器的乐趣，请添加安装 XC 编译器。选择你的操作系统的版本，在这个练习中，你只需要这个 IDE。

接下来，你需要可以直接对 MAX32 micro 烧写程序的方法，同样，你很可能已经有了一个烧录器，但我仍然推荐（作为最便宜、但仍非常有用的选项）你从 Microchip PICKit 3 烧录器开始，如图 1 所示。

图 1

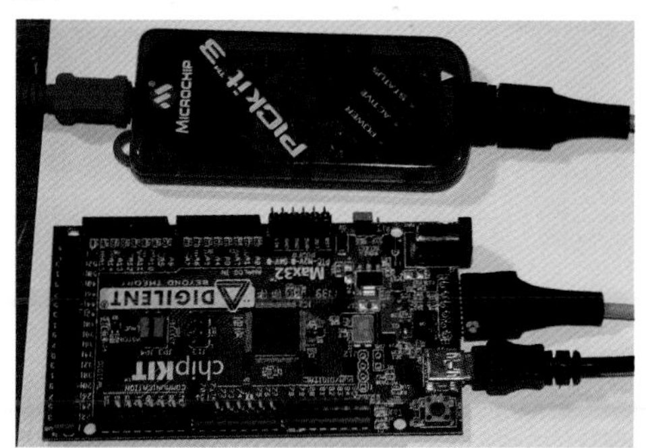

最后，你需要 bootloader 的十六进制代码文件，Digilent 在这里提供了它：www.digilentinc.com/Products/Detail.cfm?NavPath=2,892,894&Prod=CHIPKIT-MAX32。

打开链接，并向下滚动页面，直到你看见标记有“chipKIT™ bootloader image loaded into the MAX32’s PIC32 microcontroller at the factory.”的链接，点击 Download 按钮，将 hex 文件下载到你的电脑上，这是一个 zip 文件。

现在将它解压缩，然后就可以使用它了。

安装 IDE

你下载的 IDE 安装程序，会是以下两种格式之一。

在 OS X 操作系统上，它是一个“*.dmg”的磁盘映像文件，双击它将会挂载一个虚拟盘符。双击该安装程序映像文件并让其自动执行，IDE 的可执行文件在 Applications->Microchip->mplabx 下可以找到。

在 Windows 操作系统的电脑上，安装程序是一个名为“*.exe”格式的应用程序，安装过程会告诉你可执行文件的安装位置。

创建 Bootloader 工程

下面是创建一个烧写 chipKIT bootloader 到 MAX32 中工程的步骤。

以下步骤请参阅图 2 到图 6。

1. 启动 MPLAB X，点击菜单 File->Import->Hex/Elf…(Prebuilt) file。

2. 在出现的弹出式窗口上，点击“Browse…”按钮，然后选择你先前下载的 hex 文件，这也将同时给项目命名。

3. 点击“Family”下拉菜单，并选择 PIC32。

4. 点击“Device”下拉菜单，并选择 PIC32 MX795F512L。

5. 选择“PICkit”作为你的硬件工具。

6. 现在“Next>”按钮能够使用了，点击它。

图2

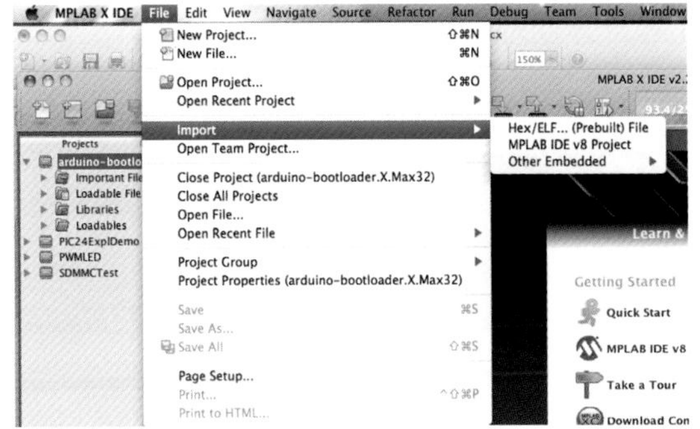

图3

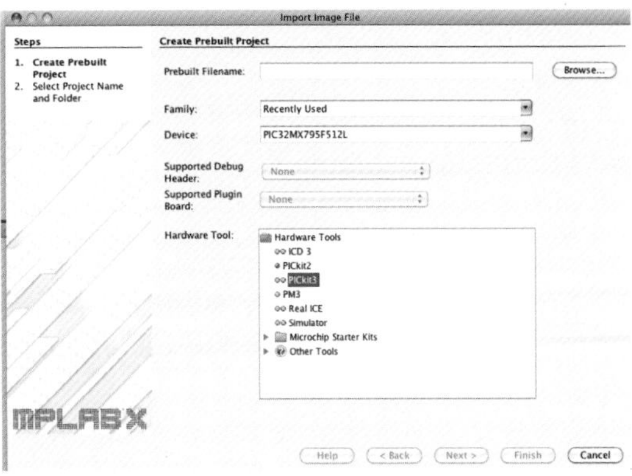

图4

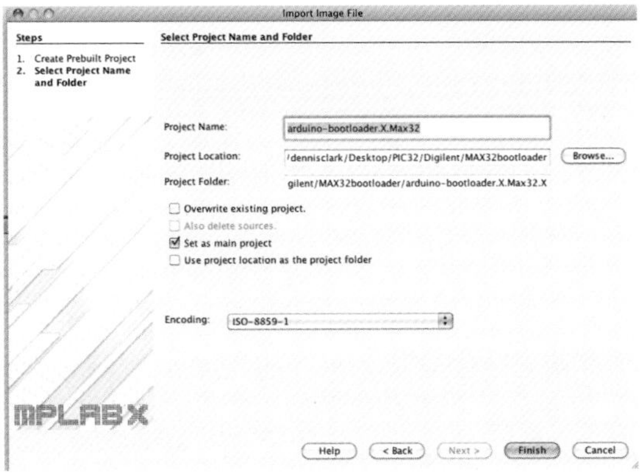

图5

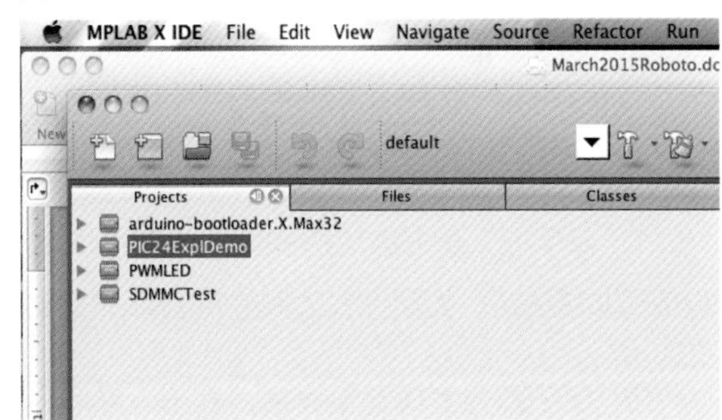

7．弹出的界面现在将显示你的工程名称（和 hex 文件名相同）、位置和文件夹，该工程将被创建在和hex文件相同的文件夹中。点击“Finish”按钮。

8．你的工程现在出现在左边的列中，选择它，然后在其上右击，在弹出菜单上选择“Set as Main Project”，此时工程被高亮显示。

图6

9．如果你还没有将 PICkit3 连接到 USB 端口上，那么连接它。确保 MAX32 是通过一个 USB 连接到其 micro-USB-B 端口上给它供电，PICkit3 不能给主板供电。

10．连接 PICkit3 到 MAX32 上如图 1 所示，PICkit 上白色三角箭头表示“pin 1”。确保你的连接线连接到 MAX32 上的标记有“1”的方孔中的引脚上。你会注意到（图 6）该 6 pin 连接器具有排插孔，可以让 Berg 接头通过“挤入”的方式插入孔中进行程序烧写，并在烧写后拔除。真是不错的设计，Digilent 公司！

烧写 Bootloader

你的工程、主板以及烧录器现在都已做好烧写 bootloader 的准备了。

注意窗口上部那个看上去像一个指向下面芯片的箭头的图标（图 7），如果将鼠标悬停在图标上，它会显示“Make and Program Device Main Project”提示文字，点击它，开始向主板烧写 bootloader。哦也！

图 7

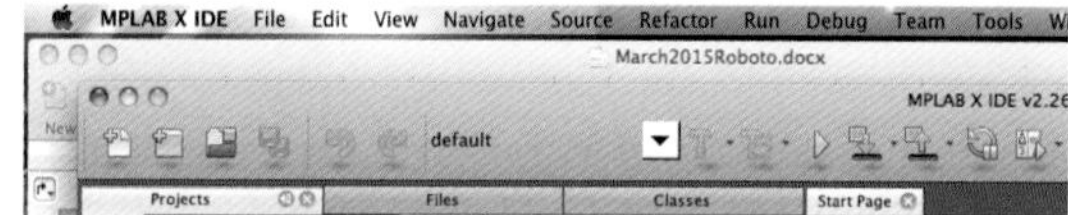

故障排除

如果 MPLAB 在下面的窗口中给出了有关无法连接到主板或无法获取正确的产品编号这样的错误，可以检查这两项：

1. 确保插入到 MAX32 的编程接口上的 6 pin Berg 连接器连接紧固，不会晃动。这些交错引脚的布局非常精巧，如果你长时间的将 Berg 连接器插入，引脚可能会慢慢弯曲，连接松动。

2. 在左边列上找到工程名，右击，然后在弹出菜单上点击“Properties”，你会看到如图 8 所示的界面。确保“SN: ...”项被选中。MPLAB X 可以同时运行多个烧录器 / 调试器任务，所以你必须明确地指出当前正在使用的是哪个项目。

图 8

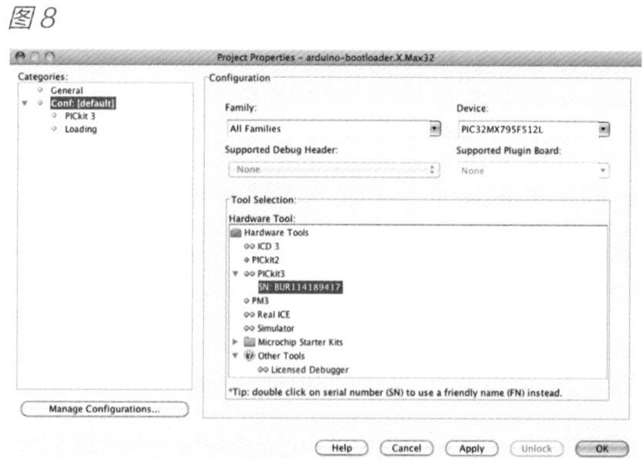

现在一切就绪，使用你喜欢的 chipKIT IDE、MPIDE 或者 UECIDE 在 MAX32 主板上来创建 Arduino 兼容程序吧。

问题：减速马达可以可靠地吸收多少侧向负荷问题

类似于许多专业的机器人制造者一样，我打造的机器人每个都比前一个更大，更先进。我最新的机器人几乎有 15 磅重，底盘上有 6 个驱动轮，因此，每个驱动轮需要支撑 2.5 磅。我打算每个轮子使用安装在框架和轮子上的一个减速马达来驱动。我的问题是：减速马达可以可靠地吸收多少侧向负荷？我已经在网上找过了，也看了规格书等，但没有找到此项参数的任何数据。

我做了一张快速计算侧向负荷的表，从这张表中可以算出，当前设计将对齿轮箱中的轴承产生大约 8.3 磅的侧向负荷。如果调整表格中的各项参数，侧向负荷将有显著变化。

这个概念适用于伺服电机或驱动负载时有垂直于轴向的分力的任何机构，伺服电机是可能有侧向负荷的另一大块，而找它们的侧向负载的数据也是徒劳无功。

——Ken Hemmelman

答：你所提到的东西，长期以来一直是我们这些使用无支撑轴马达的人的心中之刺。你说的侧向负荷我们通常称之为径向载荷，如果你 Google 径向载荷的话，你会找到相关信息，但如果不是特别走运，一般而言这些信息可能并不适用于你的马达。

业余爱好者使用的伺服电机对机器人的负重轮来说是最糟糕的，坦率地说，这是因为它们并不是设计用来对付持续径向载荷的，它们只是为了用于严格的直线运动而且是间歇性使用而设计的，这就是说，我们也正在以同样的方式折磨我们的减速电机。

尽管如此，这些齿轮箱中的马达设计了显然更强的轴和轴承用于处理与其额定扭矩相称的侧向负载。

同样，这些减速电机也并非是为持续负重设计的，它们一般用于移动打印机的打印头、旋转物料盘带、或者移动线性制动器的传动带等。所以，我们其实也正在损坏它们，因为我们的减速电机都是我们从屋脚翻出来的，或是经销商从他们的屋脚翻出来的，我们从来就没有拿到过它的 datasheet 并获取其性能上限。

我有 3 个很好的电机（Pittman、SOHO 以及 Escap），我试图找到它们的规格书，不过只找到了其中一个制造商的 spec，还有上面找不到径向载荷的规格。所有你想知道的有关电机的说明都有，但不包括径向载荷的限制值。

对于轻型机器人，你可以在没有轴足够支持的情况下凑合很长时间，不过最终轴承还是会磨损，到时你的轮子将会乱七八糟。而你的机器人比较重，所以你的电机磨损速度会比一个轻型的 500 克的 Sumo 机器人更快。我建议你加长你的轴，因为它们的长度可能不够用来承载车轮及轴承，你需要使用联轴器来延长电机轴。

接着，让轴装载在烧结轴套或滚珠轴承上，以避免不必要的摩擦消耗电机功率。查看任何在 SERVO 杂志的“Combat Zone”专栏中的重型机器人，你都会发现它们的车轮是通过在车轮两侧支撑车轴来避免你提到的问题的。

无论你的电机多么坚韧，轴上的径向载荷最终都将破坏电机的输出轴承，并使它开始晃动，这将使得任何精确控制电机的企图都付诸东流。如果你想要更换一个新的电机，你也许可以 Google 径向载荷和你的电机的型号来获取规格书。

祝你好运！你很可能会想要去寻找匹配电机输出轴的联轴器，这样你就可以在车轮两侧支撑车轴了。

用一个 4D Systems 的 uCAM-II 串行摄像头实现机器视觉

Dennis Clark 撰文　符鹏飞 译

硬件（及成本）

· 4D Systems uCam-II 串行 Camera 模组：49 美元

· Digilent Max32 chipKIT（ 80 MHz PIC32, 512K Flash, 128K RAM ）：大约 35 美元

· 任何使用 Henning Karlsen UTFT Arduino 图形库的 LCD 显示屏，我使用的是一个古老的 NKC Electronics 128x128 LCD 模组：若干年前大约 19 美元

· 一些成型线

我将 +5V 和地接到了 uCMA-II 的 J6 和 J15 上，并同样连接了 Max32。我使用 UART1 来进行串口通讯，camera 模组的 TX 连接到连接器 J4 的 I/O19，RX 连接到 I/O18。除了 USB 数据线，这就是 LCD 模组安装之后所需要的全部连接了。

软件

· UECIDE 集成开发环境软件（免费软件）

· Henning Karlsen UTFT GLCD 库（免费软件）

理由

我选择的硬件平台是 chipKIT，因为它配套的 UECIDE 开发环境是一个对用户非常友好的编程环境，且在极客社区和在线论坛中具有大量的用户支持。uCAM-II 使用了一个简单易用的异

步串口，下载小映像文件时具有合理的速度。该 camera 模组可以得到小至 80x60 的 16 位彩色光栅图片，这种尺寸足以在便宜的价位上实现一个基本的机器人视觉系统。我在此并不想深入探讨 4D Systems uCAM II 的所有细节，如果你想了解具体细节，可以在这里查阅 其 datasheet：www.4dsystems.com.au/product/uCAM-II。

图1　chipKIT MAX32 微控制器

图2　4D Systems uCAM-II camera 模组

在我的代码中，你将看到使用该模组获取照片及其简单，我将分解我的 demo 程序并分别详细讨论。

我的老读者都已经知道，自从由 Digilent 和罗格斯大学开发的 MPIDE（友好的 Arduino 在线烧写程序的环境）被 UECIDE 的创作者接受并增强之后，我是真的很喜欢它，Digilent chipKIT 系列主板也采用了这个 IDE。此外，ChipKIT 主板使用了 Microchip 的 PIC32 32 位 80MHz 微控制器作为其核心，相比 Arduino 来说这是个极快的速度，但编程方式却几乎与其相同。我特别选择了 chipKIT 的 Max32 是因为这块主板上自带了 128K RAM。

图像会占用大量的内存，相比于其价格和尺寸，这块主板是价格、性能和易用性的完美结合。请访问 http://chipkit.net 以便了解更多有关 chipKIT 主板和 MPIDE 的详细信息。

此外，我还需要有一个简单而易用的图像显示屏，我没有去购买，而是翻出了一块 128x128 64K 的彩色 LCD Arduino 功能板，NKC Electronics 曾经以 20 美元的价格出售它。Henning Karlsen 制作了一个简单的 LCD 图形库，并对 Arduino 和 chipKIT 主板均做了优化。你可以在 www.henningkarlsen.com/electronics/library.php?id=52 找到它。

这个库对所有人免费，并且支持几种 Arduino LCD 板，这些 LCD 模组也可以被 chipKIT 主板使用。

最后，但并非最不重要的是 UECIDE 嵌入式 IDE 环境，它也是免费软件，并支持很多嵌入式微控制器。我主要用它为 Arduino 和 chipKIT 主板进行在线风格的软件烧写。现在，我喜爱 Arduino 和 chipKIT 主板及其烧写程序的环境，但我不得不承认，我真的不喜欢 Arduino 和 MPIDE 的集成开发环境，相对我的口味来说，它们功能很少，仅仅够用。还是进入 UECIDE 的世界吧，虽然使用的是同样的编译器和库，但 UECIDE 将它们打包的很好，且具有出色的用户体验。关于 UECIDE 我以前已经说的太多，所以我不再高谈阔论了，你可以在 http://uecide.org 获取这个与操作系统无关的 IDE 及其详细信息。

图 3　UECIDE 编程环境

我对我所提到的这些免费软件的最后一点说明是，这些伙计们通过完全免费的方式分享他们的专业知识和努力成果，并为我们这些爱好者们提供基本的服务，我们需要通过一些金钱捐赠来回馈他们，来“让灯持续照明”。让我们面对这个事实：如果没有他们，我们不能做我们所做的，所以让爱在我们中间分享吧！

编程

对于 Arduino 风格的程序，我们所做的第一件事就是定义全局变量和对象。

下面的程序清单 1 列出了 LCD 定义对象，然后是其他各种变量以及我们可能使用的 uCAM-II 命令列表。这个 demo 程序只使用了其中的 5 到 6 个，你还不知道吧？呵呵。

程序清单 1　全局变量、常量和对象

```
// UTFT graphics and 4D Systems uCAM II demo.
//
// DLC 2/2015
#include <UTFT.h>
```

```
// NKC LCD graphics init
UTFT myGLCD(LPH9135,6,5,2,3,4);

// camera screen  "pages"
uint16_t pg1[16384];

// Misc.
uint8_t junk;

// changing bytes into words for
graphics
union {
       uint16_t word;
       uint8_t byte[2];
} convert;

// Command and status arrays
uint8_t cmd[6];
uint8_t status[6];
uint8_t status2[6];

// Commands
uint8_t INIT[6] = {0xAA,0x01,0x00,0x0
6,0x09,0x00};
// 16bit 565RGB color raw format
uint8_t GETPIC[6] = {0xAA,0x04,0x02,0
x00,0x00,0x00};
// GET PICTURE Raw picture mode
uint8_t RESET[6] = {0xAA,0x08,0x01,0x
00,0x00,0x00};
// RESET state machines only
uint8_t HRESET[6] = {0xAA,0x08,0x01,0
x00,0x00,0xFF};
// RESET whole camera
uint8_t SYNC[6] = {0xAA,0x0D,0x00,0x0
0,0x00,0x00};
// wake the camera up
uint8_t ACKF[6] = {0xAA,0x0E,0x0A,0x0
0,0x00,0x00};
// ACK a complete frame received
uint8_t ACKS[6] = {0xAA,0x0E,0x0D,0x0
0,0x00,0x00};
// ACK the SYNC response
uint8_t BAUD[6] = {0xAA,0x07,0x02,0x0
0,0x00,0x00};
// Set BAUD to 1228800

// camera responses to pay attention
to in status second byte
#define CDATA 0x0A
#define CSYNC 0x0D
#define CACK 0x0E //byte 3 has the
command ID being ACK' d
#define CNACK 0x0F // something bad
happened, error in 3rd byte
```

在一个典型的Arduino程序(sketch)中，setup() 程序设置一切，我们会在主程序中使用它。下面的程序清单 2 是用来设置 NKC LCD 功能板的。

程序清单 2　LCD 设置函数

```
Serial.println( "Initialize LCD" );
myGLCD.InitLCD(LANDSCAPE);
myGLCD.fillScr(255, 255, 255);
myGLCD.setColor(0, 0, 0);
```

在可以使用 uCAM-II camera 模组之前，我们需要将它唤醒并保持对硬件的响应。UCAM-II 可以自动对高达 921600 bps 的串口速率进行波特率检测，这个速率将近每秒 1Mbit，对于首次进行试验来说，这个速度听起来相当不错。下面的代码段 3 显示了唤醒 camera 模组并使之准备就绪的协议。

程序清单 3　唤醒 uCAM-II

```
// Talk to the camera, this is the
max auto-baud detect that will work.
Serial1.begin(921600);

Serial.println( "Wake up the camera..." );
status[1] = 0;
junk = 0;
Serial.print( "try 60 times  ");

d=4;
while (status[1] != CACK) {
       Serial1.write(SYNC,6);
       if (Serial1.available() ) {
         for (n=0;n<6;n++) {
         while (!Serial1.available());
         status[n] = Serial1.read();
         }
         while(!Serial1.available());
         for (n=0;n<6;n++) {
         while (!Serial1.available());
         status2[n] = Serial1.read();
         }
         Serial1.write(ACKS,6); // ACK
the successful SYNC
         break;
       }
   junk = junk+1;
   if (junk > 60) {
   Serial.println( "Unable to sync." );
      while(1);
      }
      d+=1;
      delay(d);
}
```

一旦被唤醒，如果一直没有数据交互，uCAM-ii 将在 15 秒后重新休眠。我们将让其以最快的速度输出数据，因此在这个程序里，它是不会去休眠的。

不同于 Arduino，chipKIT 主板上有好几个 COM 口，我们将使用 COM1 的 TX/RX 来和 camera 模组通信。串口命令序列可在 uCAM-II 文档的流程图中找到，因为 Max32 是一个以 80MHz 的速度运行的 32 位微控制器，所以满足串口波特率的要求对它来说轻而易举。为了避免读到“-1”，我等待串口数据直至其有效之后才开始读取数据，并将之填充到响应数组中。

除了实际的图像数据，所有的 camera 命令和响应都是 6 个字节长。一旦我们让 camera 保持在唤醒状态，我们需要告诉它我们希望接收的是什么类型的图片数据，INIT 命令完成这个工作，下面的程序清单 4 显示了这一过程。

程序清单 4　INIT camera 模组

```
// Flush the queue out before sending
INIT
while (Serial1.available()) {
        Serial1.read();
}
// Set up to get pictures  "streamed"
Serial.println( "Send INIT" );
Serial1.write(INIT,6);
// INIT for a small raw 565RGB screen
while (!Serial1.available());
// wait for the ACK
for (n=0;n<6;n++) {
        while(!Serial1.available());
        status[n] = Serial1.read();
}
if (status[1] != CACK) {
// ACK, that command passed
        Serial.println( "We barfed on
INIT." );
```

```
        Serial.print( "Error:
");Serial.println((int)status[4],HEX);
       while(1);
// freeze here
}
//Give the camera time to adjust
before getting picture data.
delay(2000);
```

INIT 命令用于初始化 camera 模组，指定其传输给我们的是 16 位 raw 565RGB 数据，且每个图像尺寸为 128x128 像素，这个数据量相当于 16384 个 16 位字（word），或者 32768 个字节（byte）（图片存储时需要使用很多 RAM）。在以 921600 bps 的波特率传输时，每个字节需要占用 10bit（8bit 的数据再加上开始和停止各一位）；这意味着，仅仅从 camera 模组传输出图像就需要 0.36 秒。

Camera 模组需要大约 0.15 秒处理图像，然后我们需要将图像传输给 LCD。我计算了一下时间，每个图像被下载、存储、再发送给显示器的时间大概总共需要一秒多一点，这是个相当慢的速度，不过我还是需要让 LCD 屏幕显示每一帧图像以便浏览。

可被发送的最小 raw RGB 图像的分辨率是 80×60，其只有 9600 个字节。如果我要使用机器人做视觉处理，我会采用这个尺寸的图像，这样可以尽量减少响应时间以供分析。

现在，我们已经将 camera 模组初始化，并做好了向我们发送帧数据的准备。我们需要向它发送请求并将数据送到 LCD。下面的程序清单 5 显示了处理任务所需要做的所有事情，Arduino/chipKIT 程序中有一个名为 loop() 的第二主函数，在 loop() 中的所有代码都将被循环执行。因此，我们在这里处理 camera 模组的数据流，并使之成为一个简陋的摄像机。

程序清单 5　从 camera 模组向外传输数据

```
void loop(void)
{
   uint16_t n;

   // Lets get a picture! I hope...
   Serial1.write(GETPIC,6);
   // Send the GET PICTURE command
   while (!Serial1.available());
   // wait for the ACK

   for (n=0;n<6;n++) {
      while(!Serial1.available());
      status[n] = Serial1.read();
}
if (status[1] != CACK) {
// ACK, that command passed
   Serial.println( "We barfed on GET
PICTURE." );

   Serial.print( "Error:  ");Serial.
println((int)status[4],HEX);
   while(1);        // freeze here
   }
   for (n=0;n<6;n++) {
   while(!Serial1.available());
   status[n] = Serial1.read();
}
if (status[1] != CDATA) { // We got
the data response
   Serial.println( "We barfed on the
DATA return." );
```

```
    Serial.print( "Error:  ");Serial.
println((int)status[4],HEX);
    while(1); // freeze here
}
// We aren't going to look at the
image size, we know it already.

while (!Serial1.available()); // wait
for DATA response
for (n=0;n<16384;n++) { // Get our
screen image
    while(!Serial1.available());
    convert.byte[1] = Serial1.read();
    while(!Serial1.available());
    convert.byte[0] = Serial1.read();
    pg1[n] = convert.word; // grab
data as fast as we can!
}

delay(1);
Serial1.write(ACKF,6); // ACK that we
got the image

// put the image on the LCD
myGLCD.drawBitmap(0,0,128,128,pg1);
}
```

有许多方法可以将两个字节转换成一个十六位字，我选择的方法和任何数学都不相关。union类型的变量“convert”有两个数据成员：分别是 byte[2] 和 word 类型。word 是单个 16 位变量，byte[2] 是两个 byte 组成的数组。当从 camera 接收到字节时，我将它们放入 byte[] 数组中，然后将单个的 16 位字赋给数据数组，这个数据数组将被发送给 LCD，由 myGLCD 的 drawBitmap() 方法调用。

图 4 显示了我的劳动成果，这是由 camera 模组拍摄并显示在 LCD 模组上的一副图像。

图 4　camera 模组拍摄并显示在 LCD 上的一幅图像

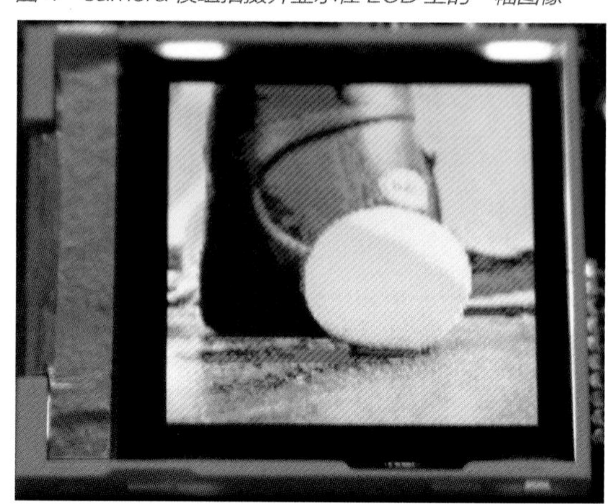

全部程序已经讲解完了！不算太糟糕，不是吗？它有没有激发你尝试一下自己的视觉软件？很显然，仅仅传送图像帧并不能让你的机器人具备视觉，但如果不是将数据传输给 LCD，而是（比如说）让程序可以找出特定的颜色，然后移动机器人，直至选中的颜色“团”居于图像帧的中间位置，上述过程实际上就是一个追踪行为。

每看一眼都需要 0.35 秒是不可能追踪的很快的，因此 128x128 的图像阵列不会是我的第一选择。相反，如果我们使用的是 80x60 的帧，则仅仅只需要 0.104 秒就可以得到图像，这可能还不够好，但可以用它来做一些实实在在的事情了。

结论

我们已经看到，使用这些组件从而以非常小的成本实现简陋的机器人视觉是可能的。本着充分披露的精神，我必须承认，我花了好几个小时才达到了显示的效果。我发现我的 uCAM-II camera 模组只有在上电后同步序列出现的第一时间才能同步上，如果我不断电，只是 reset 主板重启程序的话，它就会一直顽固地保持沉默。

我不知道为什么会这样，当我就此问题获得 4D Systems 的帮助的时候，我将告诉你们原因，因为很显然这不是个正常的现象。

如果你看了图 4 你会看到不正常的色彩失真，照片看上去就像图像被过度曝光的样子，我们将之称为摄像机的“blooming[1]”现象。我需要使用其他的 LCD，也许还要其他图形库来和 camera 模组一起工作，以确定到底是 camera、LCD、或是 UTFT 库导致了这一现象。在我使用本系统进行追踪彩色色块之前，解决此问题非常重要，因为我需要知道真实的颜色到底是什么！当我揭开了视频 blooming 现象的原因后我将尽可能快地告诉你。

我在本文中所介绍的 sketch 程序，你可以在如下链接中获取到：http://www.servomagazine.com/uploads/issue_downloads/201504_MrRoboto.zip。

---

1 blooming 是指被拍摄的场景中有非常亮的部分，在光电转换过程中，传感器上对应非常亮的部分的像素电荷超出了满阱能力，溢出到周围的相邻像素，使得画面上产生白斑。

处理 4D 系统的 uCAM-II 串行摄像机上的“blooming”现象

Dennis Clark 撰文　符鹏飞 译

硬件（及成本）

· 4D Systems 的 uCAM-II 串行 Camera 模组：49 美金

· 4D Systems 的 Picadillo 35T (80 MHz PIC32, 512K Flash, 128K RAM),：大约 99 美元

· 一些原型线

我将 uCAM-II 的 +5V 和地连接到 P2 的 5V 和地上（参见图 1），并使用 UART1 作为串行连接：camera 模组的 Tx 连接到连接器 P1 的 16 引脚，Rx 连接到 P1 的 15 引脚。

图 1　Picadillo 35T 微控制器对外接口

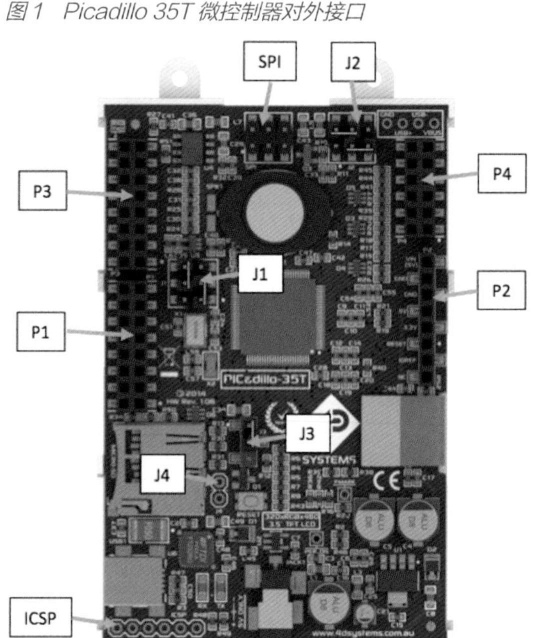

软件

· UECIDE IDE 软件（免费软件）

· Majenko TFT 库（免费软件）

理由

我选择了 Picadillo 35T 硬件，因为它配套的 UECIDE 开发环境是一个对用户非常友好的编程环境，拥有在线论坛及大量的用户支持。在这个示例程序中，uCAM-II 很容易通过一个紧凑的装置连接到 Picadillo 35T 上，而且这个硬件还集成了微处理器和不错的显示效果。

你将看到，我的代码和上一个程序相比基本相同，只是在获取图像方面有细微的变化。

图 2　Picadillo 3 5 T 的 I/O 端口映射

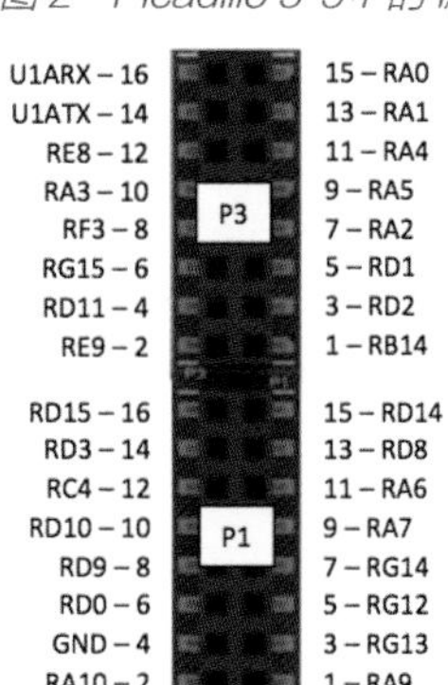

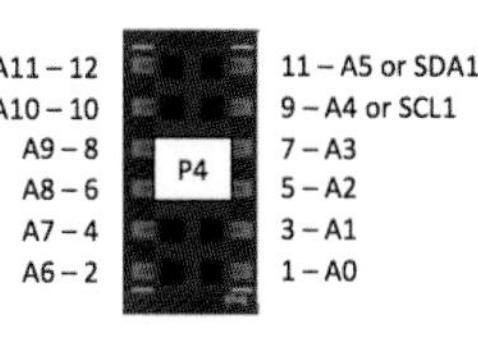

编程

对于一个 Arduino 风格的程序来说，我们一般首先是去定义全局变量和对象。

下面的程序清单 1 列出了 LCD 定义对象，然后是其他各种变量以及我们可能使用的 uCAM-II 命令列表。这些和我在 MAX32 demo 程序中所做的是相同的。

程序清单 1　全局变量、常量和对象

```
// Picadill and 4D Systems uCAM II demo.
//
// DLC 3/2015
#include <UTFT.h>
#include <DSPI.h>
#include <TFT.h>

// Configure the display
PICadillo35t tft;

// camera screen  "pages"
uint16_t pg1[16384];

// Misc.
uint8_t junk;
// changing bytes into words for graphics
union {
        uint16_t word;
        uint8_t byte[2];
} convert;

// Command and status arrays
uint8_t cmd[6];
uint8_t status[6];
uint8_t status2[6];
```

```
// Commands
uint8_t INIT[6] = {0xAA,0x01,0x00,0x0
6,0x09,0x00};
// 16bit 565RGB color raw format
uint8_t GETPIC[6] = {0xAA,0x04,0x02,0
x00,0x00,0x00};
// GET PICTURE Raw picture mode
uint8_t RESET[6] = {0xAA,0x08,0x01,0x
00,0x00,0x00};
// RESET state machines only
uint8_t HRESET[6] = {0xAA,0x08,0x01,0
x00,0x00,0xFF};
// RESET whole camera
uint8_t SYNC[6] = {0xAA,0x0D,0x00,0x0
0,0x00,0x00};
// wake the camera up
uint8_t ACKF[6] = {0xAA,0x0E,0x0A,0x0
0,0x00,0x00};
// ACK a complete frame received
uint8_t ACKS[6] = {0xAA,0x0E,0x0D,0x0
0,0x00,0x00};
// ACK the SYNC response
uint8_t BAUD[6] = {0xAA,0x07,0x02,0x0
0,0x00,0x00};
// Set BAUD to 1228800

// camera responses to pay attention
to in status second byte
#define CDATA 0x0A
#define CSYNC 0x0D
#define CACK 0x0E //byte 3 has the
command ID being ACK' d
#define CNACK 0x0F // something bad
happened, error in 3rd byte.
```

在一个典型的 Arduino 程序（sketch）中，setup() 程序设置一切，我们会在主程序中使用它。下面的程序清单 2 是用来设置 Picadillo 显示的。

程序清单 2　LCD 设置程序

```
// Set up Picadillo display hardware.
   analogWrite(PIN_BACKLIGHT, 255);
   tft.initializeDevice();
   tft.setRotation(0);
   tft.fillScreen(Color::Black);
   tft.setFont(Fonts::Topaz);
   tft.setTextColor(Color::White,
Color::Black);
   printCentered(50, "uCAM II
128x128 RGB565 image" );
   printCentered(70, "Camera
Operation Demonstration" );
```

下面的程序清单 3 显示了唤醒 camera 模组并使之准备就绪的协议。一旦被唤醒，如果一直没有数据交互，uCAM-ii 将在 15 秒后重新休眠。我们将让其以最快的速度输出数据，因此在这个程序里，它是不会去休眠的。这些和我在四月号期刊中所使用的 MAX32 的程序是完全一样的。

程序清单 3　唤醒 uCAM-II

```
// Talk to the camera, this is the
max auto-baud detect that will work.
Serial1.begin(921600);

Serial.println( "Wake up the camera..." );
status[1] = 0;
junk = 0;
Serial.print( "try 60 times  ");

d=4;
while (status[1] != CACK) {
   Serial1.write(SYNC,6);
   if (Serial1.available() ) {
      for (n=0;n<6;n++) {
      while (!Serial1.available());
```

```
        status[n] = Serial1.read();
}
while(!Serial1.available());
for (n=0;n<6;n++) {
    while (!Serial1.available());
    status2[n] = Serial1.read();
}
Serial1.write(ACKS,6); // ACK the
successful SYNC
break;
}
junk = junk+1;
if (junk > 60) {
    Serial.println( "Unable to sync." );
    while(1);
}
d+=1;
delay(d);
}
```

再一次的，我们将使用 COM1 的 TX/RX 来和 camera 模组通信。串口命令序列可在 uCAM-II 文档的流程图中找到，因为 Picadillo 是一个以 80MHz 的速度运行的 32 位微控制器，所以满足串口波特率对它来说轻而易举。为了避免读到“–1”，我等待串口数据直至其有效之后才开始读取数据，然后将之填充到响应数组中。

除了实际的图像数据，所有的 camera 命令和响应都是 6 个字节长。一旦我们让 camera 保持在唤醒状态，我们需要告诉它我们希望接收的是什么类型的图片数据，INIT 命令完成这个工作，下面的程序清单 4 显示了这一过程。

程序清单 4　INIT camera 模组

```
// Flush the queue out before sending INIT
while (Serial1.available()) {
        Serial1.read();
}
// Set up to get pictures "streamed"
Serial.println( "Send INIT" );
Serial1.write(INIT,6);
// INIT for a small raw 565RGB screen
while (!Serial1.available());
// wait for the ACK
for (n=0;n<6;n++) {
        while(!Serial1.available());
        status[n] = Serial1.read();
}
if (status[1] != CACK){// ACK, that
command passed
  Serial.println( "We barfed on INIT." );

  Serial.print( "Error:  ");Serial.
println((int)status[4],HEX);

        while(1);
        // freeze here
}

//Give the camera time to adjust
before getting picture data.
delay(2000);
```

INIT 命令用于初始化 camera 模组，指定其传输给我们的是 16 位 raw 565RGB 数据，且每个图像尺寸为 128×128 像素，这个数据量相当于 16384 个 16 位字（word），或者 32768 个字节（byte）（图片存储时需要使用很多 RAM）。在以 921600 bps 的波特率传输时，每个字节需要占用 10bit（8bit 的数据再加上开始和停止各一位）；这意味

着，仅仅从 camera 模组传输出图像就需要 0.36 秒。

Camera 模组需要大约 0.15 秒处理图像，然后我们需要将图像传输给 LCD。我借用了 Majenko 示例程序中自带的一个快而简单的每秒传输帧数统计工具，该工具显示 Picadillo/uCAM-II 装置稍快于 MAX32/NKC LCD 显示屏组合，前者的时钟配置在 1.3FPS。是啊，还谈不上尽善尽美，我并没有得到能够和 camera 模组以更快波特率运行的组合（也许 4D Systems 可以被说服在后续版本中使用 SPI 接口）。

现在，我们已经将 camera 模组初始化，并做好了向我们发送帧数据的准备，我们需要向它发送请求并将数据送到 LCD。下面的程序清单 5 显示了处理任务所需要做的所有事情，同样的，Arduino 式的程序中有一个名为 loop() 的第二主函数，在 loop() 中的所有代码都将被循环执行。因此，我们在这里处理 camera 模组的数据流，并使之成为一个简单的摄像机。

程序清单 5　从 camera 模组向外传输数据

```
void loop(void)
{
   uint16_t n;

   // Lets get a picture! I hope...
   Serial1.write(GETPIC,6); // Send
the GET PICTURE command
   while (!Serial1.available()); //
wait for the ACK

   for (n=0;n<6;n++) {
        while(!Serial1.available());
        status[n] = Serial1.read();
}
if (status[1] != CACK) { // ACK, that
command passed
        Serial.println( "We barfed on
GET PICTURE." );
        Serial.print( "Error:
");Serial.println((int)
status[4],HEX);
        while(1); // freeze here
}

for (n=0;n<6;n++) {
        while(!Serial1.available());
        status[n] = Serial1.read();
}
if (status[1] != CDATA) { // We got
the data response
   Serial.println( "We barfed on the
DATA return." );
   Serial.print( "Error:  ");Serial.
println((int)status[4],HEX);
   while(1); // freeze here
}
// We aren' t going to look at the
image size, we know it already.

while (!Serial1.available()); // wait
for DATA response
for (n=0;n<16384;n++) { // Get our
screen image
   while(!Serial1.available());
   convert.byte[1] = Serial1.read();
   while(!Serial1.available());
   convert.byte[0] = Serial1.read();
   pg1[n] = convert.word; // grab
data as fast as we can!
}
delay(1);
```

```
Serial1.write(ACKF,6); // ACK that we got the image

// send data to the "window" on the Picadillo 35T
tft.openWindow(96, 128, 128, 128);
tft.windowData(pg1,16384);
tft.closeWindow();
}
```

图 3　camera 模组图像显示在显示器上

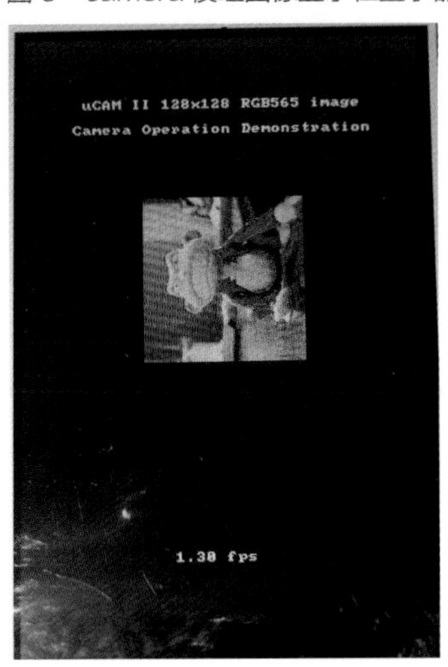

正如你所看到的，Majenko TFT 库也有一个简单的方法来将图像帧传输给显示器，图 3 显示了在 Picadillo 35T 显示器上工作的结果，并同时给出了 FPS 的数值。

尽管使用了完全不一样的 LCD 图形显示屏和图形库，这个程序依然让我看到了 uCAM-II 的 blooming 现象，它似乎仅在深色（如黑色和深棕色）上有问题，而较浅的颜色（如黄色、棕褐色或者白色）似乎看上去还不错。

我需要使用该 camera 模组进行更多的实验，来看看能否改善其色彩表现。对于大多数机器人视觉操作来说，这也不算是什么大问题。用户可以通过简单地修改颜色映射表来获取正确的颜色值，或者仅仅通过处理图像的变化来决定机器人的动作。

结论

这套主板 /LCD/camera 组合在成本 / 性能方面更让我们满意，尽管 Arduino/chipKIT 组合提供的简单的“在线”烧写程序的接口，用起来更加方便。4D Systems 的 Picadillo 35T 使用了 Digilent 的 bootloader，再加上 MPIDE/UECIDE 的集成开发环境及其开发库，这些真的很酷。在为用户提供了这么棒的功能的情况下，没有人会想着去搜索代码或者（哇！）完全靠自己去实现的。

你可以在如下的链接中获取我在本文中讲解的 Arduino sketch 程序：http://www.servomagazine.com/uploads/issue_downloads/201505_MrRoboto.zip。

完成 4D Systems 的 uCAM-II 串行摄像头项目

Dennis 撰文　符鹏飞 译

我肯定这并非是 uCAM II 模组的真实性能，因此我做了进一步研究并和 4D Systems 的反应积极的技术支持团队就此问题进行了探讨。经过对线材、干扰以及各种波特率的测试之后，很明显，问题是和波特率错误有关，来自于 PIC32/MPIDE 编译器环境和 camera 模组之间的兼容性。

我还没有在这个 PIC32 环境（我正在工作的环境）上找到“完美的”波特率表，但已经可以确定，当使用 USB/VCOM 转换线时，uCAM II camera 模组在某些波特率上（有些超过 3Mbps）工作理想。当然，PIC32 的 UART 并没有那么多的除数寄存器来调整波特率。

细致（而无聊）的试验发现，可以被 uCAM II 模组自动检测到的最高可靠波特率为 908500 bps，接近每秒近兆 bit。

我使用 128 x 128 的分辨率、1.3 帧每秒，以及使用 80 x 60 的分辨率、3.6 帧每秒，得到了一些相当不错的 16 位彩色图像。

对于机器人来说，任何合理的导航或瞄准系统都不可能使用 1.3fps 的速度，不过 3.6fps 的速度可以在一些项目中使用。我也尝试过 8 位灰度格式（4.3fps），但是不能将 CrYCbY 格式正常转换成我的图形库所需要的 565 raw 彩色格式，从而得到任何可用的东西。如果要了解 camera 模组的执行效果，可以查看图 1（Picadillo 上显示的 128 x 128 分辨率图像）和图 2（uCAM II 拍摄的实际图像[1]）。

另一个关于 camera 模组的问题是：我以为只能让模组在

图 1

图 2

[1] 作者的意思应该是这是在电脑上显示的图像。

开机后，而不能让其在主板重启后工作。现在是忏悔时间：Mr. Roboto 压根就没考虑过那并不是主板重启的问题。如果模组以其尽可能快的速度向控制器传输数据流时，如果控制器停止“ACK”数据，模组的工作将会不正常。哎呀，难怪当 Picadillo 被重置时 uCAM II 不再响应，因为其不再同步，导致其无法正确响应。4D Systems 的伙计们建议我在单片机被唤醒时使用一个“FET 开关”通过编程控制给 camera 模组重新上电，这样就可以避免此问题狠拍脑袋中。

当实验到了项目阶段时，实验人员很容易止步不前。好在我不是实验人员，所以我继续润色我的 uCAM II camera 的程序，让其支持多种图像格式并直接在 TFT LCD 显示屏上显示有用的调试数据。下面的程序清单 1 显示了我做的工作的要点，它允许用户以非常简单的方式选择（原始和灰度数据）图像的格式和尺寸。对于此代码我有很多有趣的想法，因此希望你在使用它的时候也能乐在其中！

程序清单 1　如何更改图像的格式和尺寸

```
/*
 * Screen =
 * 1 - 128x128 565 color
 * 2 - 80x60 565 color
 * 3 - 128x96 565 color
 * 4 - 80x60 8 bit gray scale (CrYCbY
format)?
 */
 #define _W128X128 1
 #define _W80X60 2
 #define _W128X96 3
 #define _W80X60G 4
 const int Screen = _W128X128;
int dsize, mh, ml, iCode, fCode;

    // Select screen setups
    switch (Screen) {
           default:
           case _W128X128:
                dsize = 16384;
                mh = 128;
                ml = 128;
                iCode = 9;
                fCode = 6;
           break;

           case _W80X60:
                dsize = 4800;
                mh = 60;
                ml = 80;
                iCode = 1;
                fCode = 6;
           break;
           case _W128X96:
                dsize = 12288;
                mh = 96;
                ml = 128;
                iCode = 11;
                fCode = 6;
           break;

           case _W80X60G:
                dsize = 4800;
                mh = 60;
                ml = 80;
                iCode = 1;
                fCode = 3;

    }

uint8_t INITD[6] = {0xAA,0x01,0x00,fC
ode,iCode,0x00};
    // data format
```

源代码可在文章中找到链接

最新结论

在对图像数据不做或只做很小的处理时，这种模组能通过 UART 接口给微控制器提供可以接受的图片质量；如果你采用更小的图像尺寸，如果你的机器人移动得不是那么快，或者你使用的是需要和环境互动的静态机器人，那么有可能使用这个 camera 模组进行更复杂的导航过程处理。

未来的实验

工作还没结束，我计划寻找一种使用图像数据检测运动的方式，并将之应用到后续的机器人身上；我还想看看能否加快图像捕捉速度，以使机器人能更有效率地利用这些数据。因此，敬请在以后的专栏中找到这些内容。

简陋的声呐和红外接近探测器的老日子已经结束了，我的机器人伙伴朋友们，现在我们有了更便宜和更先进的工具可以使用，Mr. Roboto 想学习并展示如何使用它们！

附录一　文中提到的产品索引

型号	类型	厂家
PICadillo-35T	电阻触摸 LCD 模组	4D Systems(chipKIT 方案，Majenko 图形库)
microLCD	LCD 模组	4D Systems
4D Systems Workstation 4	IDE	4D Systems
uCAM-II	camera 模组	4D Systems
chipKIT	开源硬件平台	Digilent
MAX32	chipKIT 系列微控制器	Digilent
UECIDE	IDE	Majenko Tech
PICadillo 35T 图形库	图形开发库	Majenko Tech
Microchip PICKit™ 3	烧录器	Microchip

机器人 DIY

你一直想要的机器人

John Blankenship Samuel Mishal 撰文　匡昊 译

第一部分：物理构造

你是否已经看腻了像玩具一样的机器人？如果不考虑成本，你是否更喜欢具有类人特性和功能的机器人？本系列文章将告诉你如何才能拥有一个你一直期望的机器人，并且它的价格远远低于你的预期。

在和很多业余爱好者、教师和学生的交谈中，我经常问他们：你想要一个什么样的机器人。尽管我的调查不是那么得正式，但至少有一点是肯定的：大多数人都希望自己搭建的机器人看起来和 / 或者行为上像一个真正的机器人。亲戚、朋友们很难对那种既要远程控制，又要大量编程，只能沿着不规则路线前进，或只能在一个杂乱环境中避开障碍物前行，像小玩具似的机器人留下深刻印象。

当问到一个真正的机器人应该能够做什么时，大部分设计师都很现实，他们没有指望能够搭建出那些电影里的超酷机器人。一般来说，他们想要的是那种，比典型的业余爱好或者教育机器人更加逼真的机器人，当然大多数人都认为搭建这种机器人的开销将远超预算。

基于机械和电子模块的发展和进步，现在，你可以用现成的低价零部件来组装你想要的机器人。在深入了解这个机器人的细节之前，我想强调的是，它不能洗菜或进行真正的智能对话，但是它看起来像一个真正的机器人，通过编程可以让它做出很多令人吃惊的事情。

它有一张脸，可以表达情绪，还可以通过胳膊和手操纵小物品。它能够根据你的口头指令在家里四处活动。快没电时，它能回到自己的窝或是充电站去充电。它的能力超越了许多其他机器人，究其原因是因为它有很多传感器。

外围的传感器、罗盘和信标检测器，给机器人提供了真实世界的导航信息。摄像头和夹子上的传感器可以帮助发现托盘中的东西，并拾起，这个动作和其他机器人的常规拾取和放置的动作相比，更加智能。

不过为了保持低成本，它的能力还是受到了限制。不要指望它打开冰箱拿出一瓶饮料给你，但是通过编程，它可以用一种合理的方式回应你的口头要求，例如，它可以找到厨房，请在那里的人帮助从冰箱中拿一瓶可口可乐在托盘上，然后回到原来的位置。如果你说声谢谢，它会朝你微笑。如果没有人在厨房里，帮助拿到你想要的饮料，它还会一脸愁容地告诉你这个坏消息。

在未来几年中，你可以利用这个平台上，精心编程来实现那些不断冒出、令人兴奋的想法。而且它很容易复制，非常适合大家合作，互相分享彼此的想法和代码。

图1显示的机器人，它有1.22米高，足够给人留下深刻印象，当然气势上稍差些。如果拿走颈部和头部，它很容易被放进大多数的SUV，被带到当地的机器人俱乐部去炫耀一番。大部分的导航传感器安装在底部，其他的安装在颈部前方的转塔上。

托盘上可以放一些小物品，便于用机械臂操纵，机器人的脸部是通过平板电脑上的图形来呈现，图1中的脸只是一个原型设计，最终版本将用尺寸更大的，更具表现力设备来显示各种情绪，在后续的文章中将进一步讨论这些内容。

很难为这个尺寸的机器人找到合适的底盘，最终选中的是Parallax公司的Arlo系统(www.Parallax.com; 如图2所示)，它的质量非常好，集成了转动编码器的大功率电机。底盘的直径是46厘米——足够大，足够稳定，非常容易行驶在门前的标准道路上。

图3所示的两个结构件让Arlo的外观更像人类，机器人的主要身体支撑物是一个0.61米长，外径为10.16厘米的PVC管，一根长18英寸的1x2规格木头以及4个短的成型件用来支撑肩膀和手臂。

图1

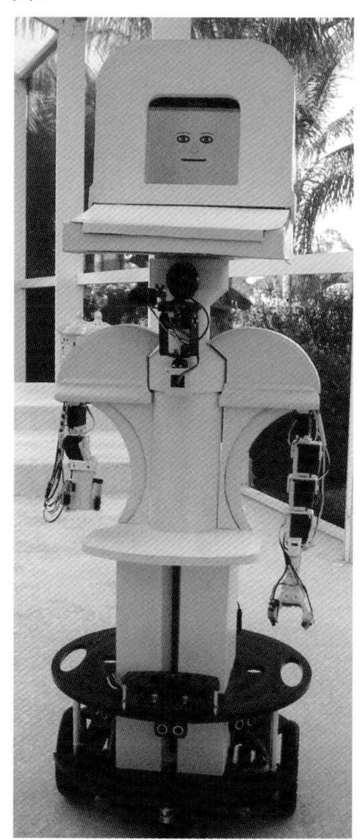

图2

图3

管道上切出的孔用来走线，让组装后的机器人显得更加整齐，制作这些部件并不十分困难，但的确需要一些技巧和合适的工具，如果 Arlo 套件包含这一部分，我想有很多学生和业余爱好者会乐于购买它。如果你也希望如此，那么就让 Parallax 公司知道这一点。

支撑头部（一台平板 PC）的材料是一块胶合板，安装在颈部的两个 4 英寸到 2 英寸的 PVC 转接头上。图 4 和图 5 显示了如何用一个马桶法兰连接颈部和胶合板。

如图 6 和图 7 所示，在 Arlo 底盘的顶板上挖一个四英寸的孔，将 PVC 管穿过这个孔安装在固定在底盘的底板的法兰上，在这个法兰和顶板的支撑下，整个支撑结构非常稳固。注意在图 6 中的 HB-25 的电机控制模块（也可从 Parallax 购买）。

机器人头部和身体的其余部件可以根据自己的喜好来装饰，我所搭建的机器人用到的这些部件（如图 8 所示）都是用泡沫板制成，这意味着我唯一需要的工具仅仅是 X-ActoTM 牌的小刀

图 4

图 5

图 6

图 7

图 8

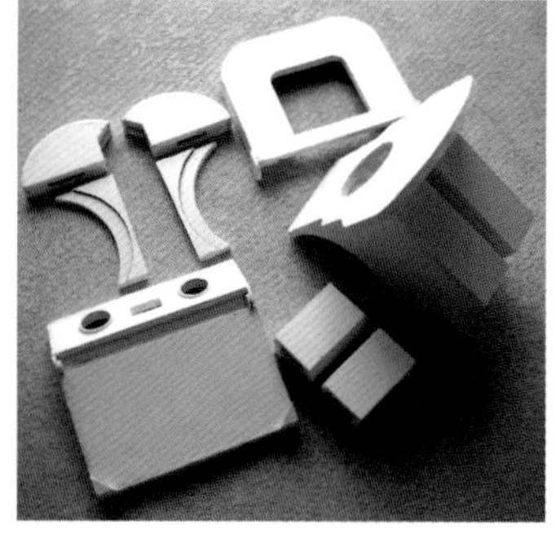

图 9

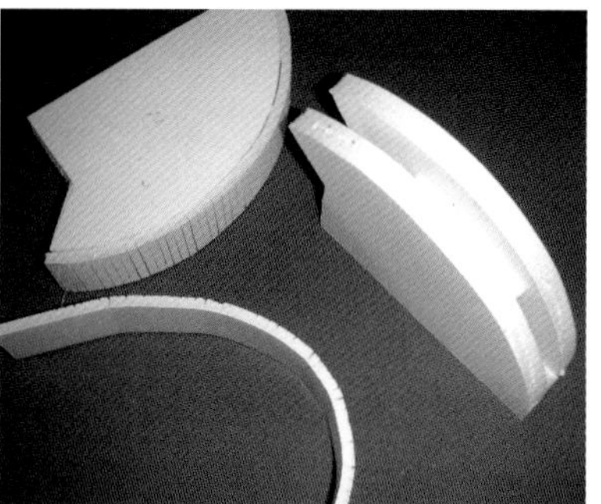

图 10

图 11

和胶水。图 9、图 10 和图 11 显示了在搭建初期，机器人的肩膀和头部，从这里可以看出，用泡沫板搭建部件非常简单。

严格意义上来说，这些都是装饰品，你可以将它打扮成任何你喜欢的样子。

图 12 显示了机器人头部装饰罩被移除的样子，在开发阶段，这样方便调试程序。用平板 PC 控制你的机器人具有很多优势（具体请参阅 SERVO 2013 年 12 月期刊关于这个话题的系列文章）。

机器臂来自于 EZ-robot（参见 SERVO 2014 年 12 月期刊发表的机械模块化文章），廉价并且容易组装（伺服机构扣合在一起即可）。

遗憾的是，和大部分可买到的机械臂一样，它们没有传感功能。如图 13 所示，在每个夹子上安装四个传感器，这样就可以实现一些更有趣的项目，关于传感器以及控制机械臂的细节将在后面的文章中介绍。

在 Parrallax 的 Arlo 平台上你可以很容易地搭建一个机器人，如同你所期望的那样让人惊讶不止。本章的第二部分将介绍控制电机和传感器通信所需的电子设备。

图 12

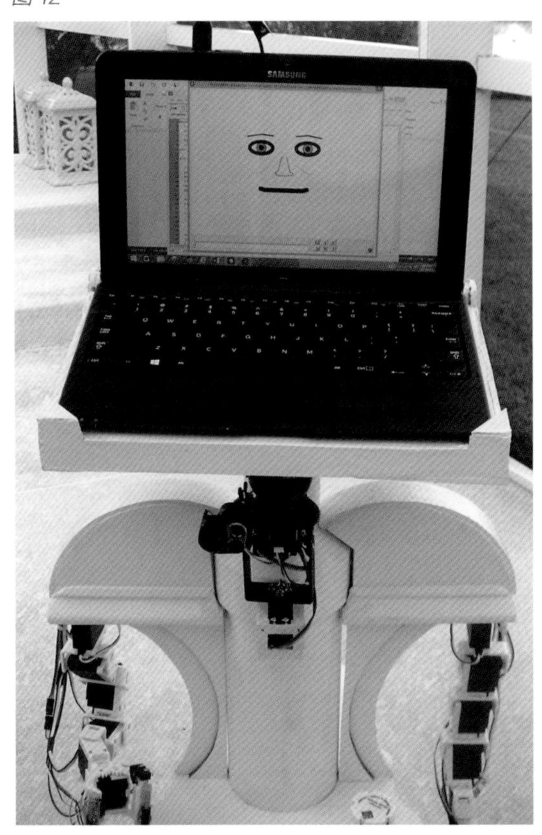

图 13

第二部分：电子设备

机械和电子设备的模块化，使得人们能够以远低于预期的价格搭建一个一直想要的机器人，学生和业余爱好者们不再满足于像小玩具般的机器人，那种机器人已经不能给大家留下深刻的印象以及引起兴趣。

第一部分介绍了如何搭建一个如图 1 般的真人大小机器人，本文将介绍控制电机和传感器通信所需的电子设备。回顾第一部分，我们用 Parallax 公司的 Arlo 平台作为机器人的底座，同时用图 2 所示的电机组件用来驱动 Arlo 平台，Parallax 公司提供两种类型电机组件：一种可以负荷 20 磅，另一种最多可达 60 磅。我们的机器人用较小那种就足够了。

组件中包含了电机、充气式轮胎和转轮编码器，其中编码器主要用来监控速度和位置。Parallax 公司的 HB-25 电机控制器用于驱动电机，HB-25 质量非常好，支持标准的伺服电机脉冲信号。

你一直想要的机器人的一个主要特点是它的传感系统超出了大多数业余爱好 / 教育机器人。如图 3 所示，在底盘的周边安装了六个 PING))) 超声波传感器（来自 Parallax 公司），位置在底盘顶板的下面，这样足以保护它们避免不太可能发生的碰撞，其中五个传感器以 45° 间隔围绕在机器人的前半部分，第六个传感器直接面对后方。

虽然可以用任意的微控制器（如 Preopeller、Arduino，Raspberry 等），但是我们的机器人需要一个平板电脑，使用一个完整的基于窗口的设备作为控制器，机器人可以拥有图形化面孔、语音识别、语音合成以及复杂项目需要的所有能力。

图 1

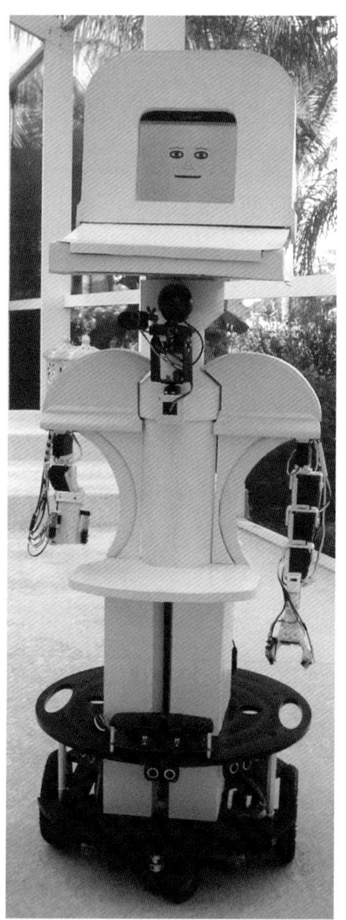

图 2

图 3

图 4

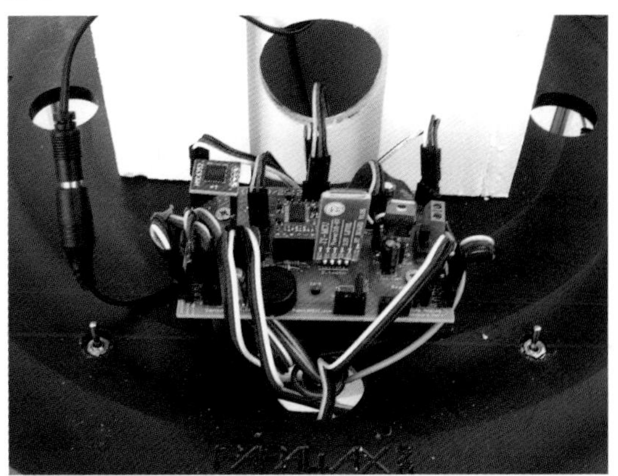

为了简化传感器接口，PC 将连接到 RobotBASIC 机器人操作系统（RROS）PCB（印刷电路板）上，PCB 板安装在图 4 所示机器人背面的底盘顶板上。RROS 为许多传感器的提供了硬件和软件接口，例如，六个 PING))) 传感器可以直接连接到电路板上，然后主板固件通过分析传感器返回的数据来实现虚拟感觉系统（VSS）。VSS 可以很容易地收集到机器人探测到的周边不同距离的物体信息，这些功能主要通过如 rFeel()、rBumper() 和 rRange() 接口来实现。

图 5

RROS 的主板还支持电子罗盘，信标检测器，电池监控和直线感应器，另外，RROS 还要监视前面提到的转轮编码器，当接收到 RobotBASIC 的 rForward 和 rTurn 命令时，它还要智能地生成必要的伺服电机脉冲信号，然后发送给 HB-25 电机控制器。在 www.RobotBASIC.org 网站上可以下载到完整的 RROS 手册，RobotBASIC（一种免费编程语言）和 RROS 硬件相结合，能够非常容易地控制机器人运动以及监控重要的传感器。

RROS 支持的传感器对很多项目而言都已经足够，但请记住，这个机器人是你一直想要的，所以在机器人头部下面（参见图 5）还安装了一个 XY 转台，以此来增加额外的能力，加强它在复杂的情况下的可靠性。转台上安装了一个网络摄像头、一个红外测距传感器、一个 Maxbotix 测距传感器（因为它有一个模拟输出），和前面提到的信标传感器。

转台上的这些传感器，加上基于 VSS 的 PING))) 传感器，机器人几乎可以探测到它前进方向上的所有物体。用一个简单的例子说明，如果只有 PING))) 传感器，机器人很容易地探测到墙壁和地板上的物体——甚至还有人紧挨着，但某些物体（如桌子）可能不会被探测到——特别是当机器人行驶到桌腿之间。

如果同时用转台上红外和超声波传感器，周期性地扫描机器人前方的区域，桌面（和其他难以探测到物体）会很容易地被一种或两种传感器探测到。超声波传感器会错过能够吸收声音的柔软物体，红外传感器则探测不到会吸收光线的黑色物体。在转台上同时有红外和超声波传感器，具有非常明显的优势。因为这两种类型的传感器只能探测锐角范围内的物体，所以能够同时从底座和转台进行扫描是非常有利的。

图 6

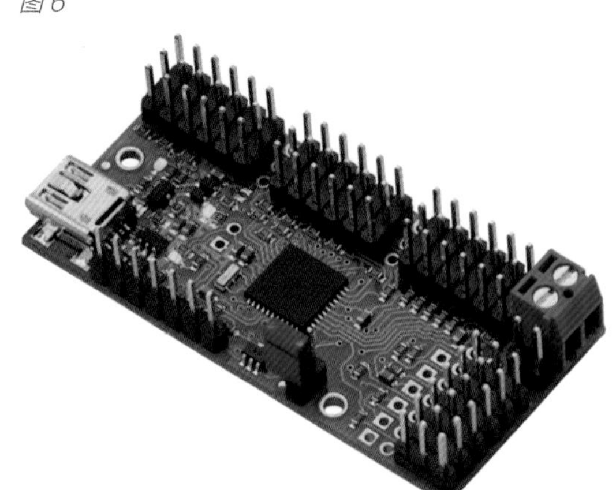

图 7

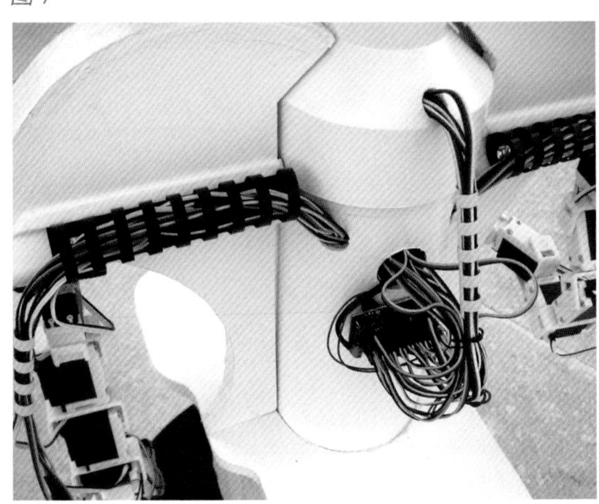

当转台上的传感器扫描过的区域被认为是无障碍物区域后，机器人可以只用 PING))) 传感器来探测地板上的物体或是刚进入到该区域的人。对于一些高端项目和 / 或复杂的环境，可以通过分析转台上的摄像头拍摄到的图像来进一步提高可靠性。

转台伺服电机的控制器是 Pololu 公司的 Maestro 24，它安装在肩膀下面 4 英寸 PVC 管的背面，如图 7 所示，选择 Maestro 24 型号的原因是因为它除了可以控制伺服电机外，还能够读取模拟和数字信号（来自传感器）。Pololu 公司最大的伺服电机控制器（有 24 个 I/O 接口）有足够多的引脚来控制每个机械臂上的六个伺服电机，以及两个转台电机，并读取转台上红外传感器和超声波传感器的模拟信号，同时监控每个夹子上的四个传感器的数字输出信号，在这块小板上连接了很多电线，在图 7 中可以看到如何在 PVC 管开孔的，并且用塑料线圈来固定电线以保持整洁。

图 8 显示了一个机械臂上的夹子，以及安装在上面的四个传感器。其中有三个是 Pololu 公司的 5cm 红外传感器，这三个红外传感器中的两个用来探测手指前端的物体，使得程序在移动机械臂之前，可以将夹子对准待抓取物体的中心。第三个红外传感器通过夹子张开的空隙来探测物体是否在夹子的抓取范围。最后一个传感器是一个突跳开关，用来告之机械手什么时候抓住物体，做到这点，需要机械手能够根据物体大小做适当抓合动作，还可以根据抓取物体的相对直径来判断是什么物体。

图 8

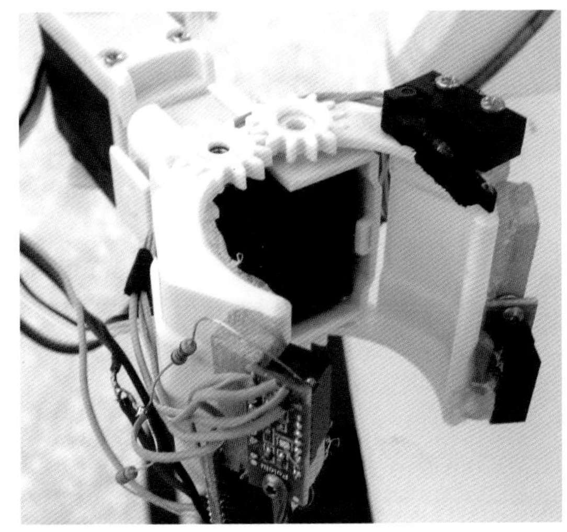

转台上的网络摄像头可以朝下对着托盘，托盘上可以放置机械臂能够抓取的物体。因为 RobotBASIC 的命令可以识别和追踪颜色，所以通过编程，机械臂可以很容易地靠近目标物体，然后在夹子上地传感器帮助下，闭合夹子来抓取物体。

图 9

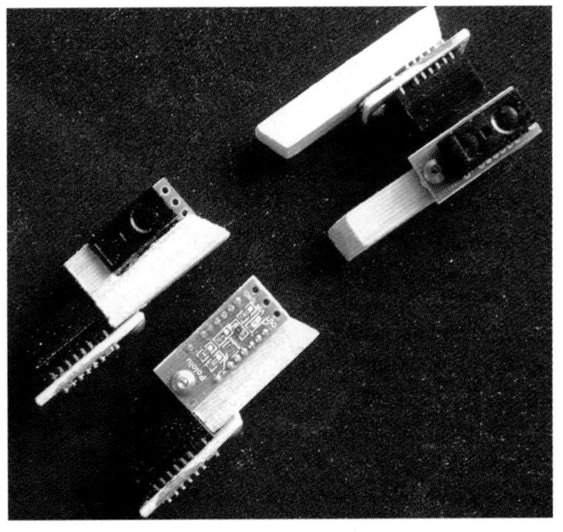

如果制造商能够将传感器集成到机械臂和夹子上，那就太好了，因为你会发现将传感器安装到现有的夹子上是一件麻烦的事情。这里，先将红外传感器固定在小木头条上（如图 9 所示），然后再用热熔胶粘在手指上。

用螺丝将 3 个反射型红外直线传感器（Pololu #2458; www.pololu.com）拧在小木头座上（如图 10），然后将整个安装在 Arlo 电池板的背面，用 RROS 板可以很容易监测这些传感器，从而控制机器人完成直行动作。高级开发者可以用这些传感器，更加精准地控制机器人的方向，如对准充电座。拥有大量的传感器使得它明显不同于其他的教育或业余爱好机器人。

总的来说，它有 3 个摄像头（平板电脑的前、后摄像头以及转台上的网络摄像头），在每个夹子上有 4 个传感器，还有转台上的红外和超声波传感器。此外，RROS 主板还连接了安装在底盘四周的 6 个 PING))) 传感器、两个转轮编码器、3 个直行传感器、一个 HMC6352 数字罗盘、一个信标探测器（也安装在转台上）和电池电量传感器。因为 Windows 8 平板是主要控制处理器，

所以机器人还拥有声音识别，语音合成以及面部图像化功能。

给所有传感器供电实在是一个噩梦，Parallax 公司 Arlo 上的电源分配系统可以帮助我们省点事。它安装在如图 11 所示的机器人前面的底座顶板上，通过开关来控制机器人的处理器、电机所需的不同电压，还有一个电源插头给电池充电，整个控制部分都非常容易操作。

系统提供 12，6.5，5 伏带保险的电源输出，RROS 主板需要 6.5 伏供电，它本身有 5 伏的电压调整器，所以 Arlo 的 5 伏输出可以不用，很容易将 5 伏的电压调整器替换成 6.5 伏的，然后作为机械臂上伺服电机的第二路电源。

遗憾的是，当 MAIN 开关打开时，5V 的电压调整器开始供电。因为要用新的 6.5V 电源给机器臂和转台的伺服电机供电，而它通过 MOTORS 开关来控制（参考图 11），所以需要做一个简单的修改：切掉一根走线（左下角到插孔的右边），然后如图 12 加焊一个二极管。

希望你正在想象，你可以用这个你一直想要的机器人做哪些事情。本章后续的部分将介绍编程相关的例子，如根据传感器的信号移动机器人，以及如何控制机械臂和读取转台上传感器的数据。

图 10

图 11

图 12

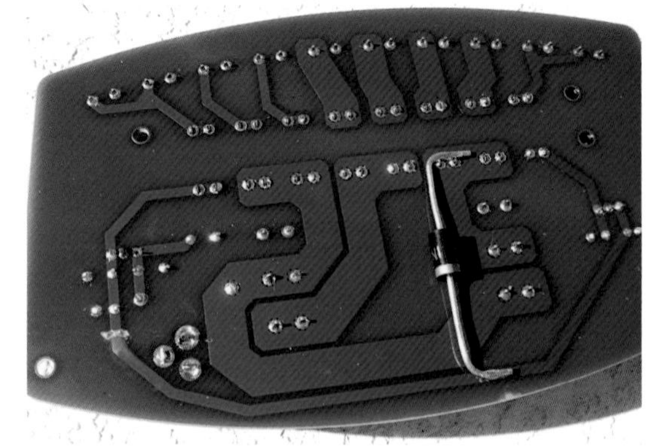

第三部分：导航编程

本章的第一部分和第二部分文章介绍的如真人大小的机器人共有 27 个真实的，9 个虚拟的传感器——远比大部分业余爱好或是教育机器人多。本文介绍通过强大的传感系统，如何在复杂环境下给机器人导航，使得它能够在你家里四处移动。虽然 Arlo 平台是通过 RobotBASIC 来控制的，但是如 Propeller, Raspberry Pi 或其它能够实现导航算法的处理器也可以用来操控机器人。

图 1

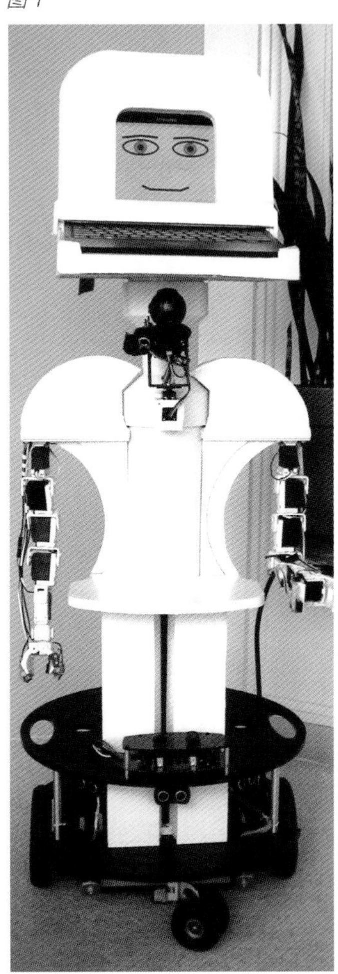

采用 Arlo 的一个原因，是因为这个机器人可以做一些让你的朋友，尤其是那些没有玩过机器人的朋友们惊讶的事情，其中之一就是机器人能够自己从你家中的一个房间移动到另一个房间。接下来，让我们用一些简单有效的方法来实现这个目标。

降低在家中导航复杂性的最好方法是将任务分解成更小更容易处理的子任务。基于图 2 所示的建筑平面图，我们来演示这个注意，例如，房屋中有 5 个位置供机器人移动，每个位置都用圆圈中数字来表示。

让我们先假设有一些现成的子函数，可以帮助指挥机器人从当前所在位置移动到房间中的其他任何位置。例如，机器人在位置 1，通过执行子程序 From1to3 可以让它移动到位置 3，如果想从位置 2 移动到位置 4，则执行子程序 From2to4。

可以创建很多类似这样的子程序，但是可以用一种更方便管理的任务来实现这些操作。为了帮助大家了解这个过程，让我们先创建一个名字叫 From4to2 程序，来控制机器人从厨房移动到睡房 2，为了让整个过程实现起来更容易，假设建筑平面图的上面是朝北方向。实际上，这不是一个假设，因为 RobotBASIC 的机器人操作系统（RROS）可以直接对 Arlo 电机和传感器的底层接口进行操作，RROS 可以自动在所有的罗盘读数上加上一个固定修正量，这样的话，就可以把任何方向当做北。考虑到这点，请想象下在程序 From4to2 中如何实现。

图 2

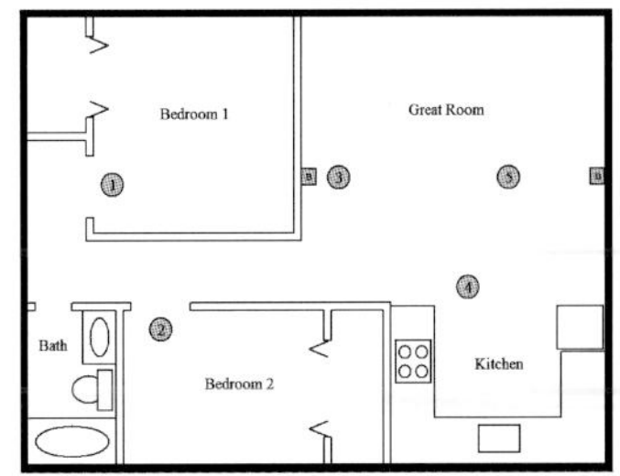

从厨房移动到卧室 2 的位置，机器人需要先转向西面，然后向前移动一点来确保它靠近墙（或厨房的柜子），接着它需要沿着墙移动，直到它发现门为止，到达后，它就可以直接穿过门进入卧室。

如果我们假设程序可以完成更加复杂的动作，将 From4to2 写成图 3 那样。你会惊讶这个程序包含的内容比前面描述得更多，这是因为细节方面的内容增加了程序的复杂度。

图 3

```
From4to2:
    if Lost then return
    call Face(WEST)
    call FindWall()
    call FollowWall(OnLeft)
    if Real
      call Face(WEST+20)
    else
      call Face(WEST)
    endif
    if Real
      rForward 10 // Arlo measures from edge of robot
    else
      rForward 40 // simulator measures from center of robot
    endif
    if Real
      call MoveThroughDoor(SOUTH+15)
    else
      call MoveThroughDoor(SOUTH)
    endif
    call Face(135)
    delay 1000
    Cur = 2
return
```

首先，这个程序会同时用在 Arlo 机器人和 RobotBASIC 的集成模拟机器人上，这两个机器人都有相同的传感器配置，你可以在模拟机器人上进行很多操作方面的原型设计——特别是如果你按照每英寸两个像素点的比例画出你房子的建筑平面图时。对于很多项目来说，模拟设计可以极大地降低整个项目的开发时间。

很多经过模拟的程序可以不需要做任何修改，直接用来控制 Arlo 机器人，剩下的则只需要很少的修改，随着图 3 程序的讲解，那些需要修改的地方会变得越来越清楚。

当变量 Lost 为 TRUE 时，执行图 3 程序中的第一句就会直接退出，这种设计可以让机器人在执行命令失败时表现得更好些。希望 Arlo 机器人永远不会陷入混乱，或是因为读到错误的传感器值而迷失方向—— 通过恰当的编程可以避免这些问题。

每一个为机器人编写过程序的人都知道，不可预见的问题无法避免。为了减少这种情况的影响，机器人程序应该周期性检查机器人是否表现正常，如果否，则设置变量 Lost 为 TRUE。

当 Lost 为 TRUE 时，机器人应该停止当前手头的任务，然后执行当前的场景下预先设置的动作。它可能只是停下来，在屏幕上打印一条消息，又或通过语音呼叫帮助。更先进的程序也许会尝试判断是什么造成错误，然后进行自恢复。

重要的是，要添加类似图 3 程序第一行那样的语句到整个系统中的关键位置。

如果机器人没有迷路，接下来程序需要控制机器人从它当前的位置（#4，厨房）到目标位置（#2，卧室 2），之前提过机器人要先面向西，然后移动到墙，再沿着墙走。为了实现这些动作，接下来需要调用三个子程序，细节部分将在后面介绍。如果你不熟悉 RobotBASIC，则有必要对调用子程序做个简短的介绍。

RobotBASIC 有两种类型的子程序，From4to2 是一个标准的 BASIC 子程序，其通过 gosub 声明来调用执行，除此之外，RobotBASIC 还支持用 call 声明来调用子程序，这些子程序都支持本地变量和参数传递，关于子程序，后续会介绍更多，现在让我们回到图 3 所示的程序。

沿着墙前行后，机器人应始终保持面向西方，但是实际上真实方向可能不是那么准确，需要调用另一个子程序来确保机器人的前进方向，这样它才能直行到门口。通过下面的例子，大家就清楚了，为什么有些适用于模拟机器人的程序，运行在真实机器人的环境中时，需要修改。

即使 RROS 可以将 Arlo 上真实罗盘和模拟机器人上的保持同步，但真实环境下的测试结果显示，当机器人靠近房屋内的金属物体（如冰箱、管道等）时，罗盘的指针会有轻微的偏移。幸运的是即使这些读数有错误，但是这些错误在特定的位置可以复现，也就意味着在这些特定的位置，和模拟机器人相比，真实环境下的机器人只需要将方向稍作修整即可。你可以在图 3 的程序中看到是如何处理这种情况的，调用 Face 子程序来命令 Arlo 面对指定的方向。

一旦机器人走到了墙的终点，它还是需要朝前再移动一点，这样就可以停在开门的正前方。这个移动距离对于真实的 Arlo 机器人和模拟机器人而言是不同的，模拟机器人的转台设定在正前方，转台上安装了测距传感器，在程序中用 rRange() 函数来获取测距传感器的数值。

图 4

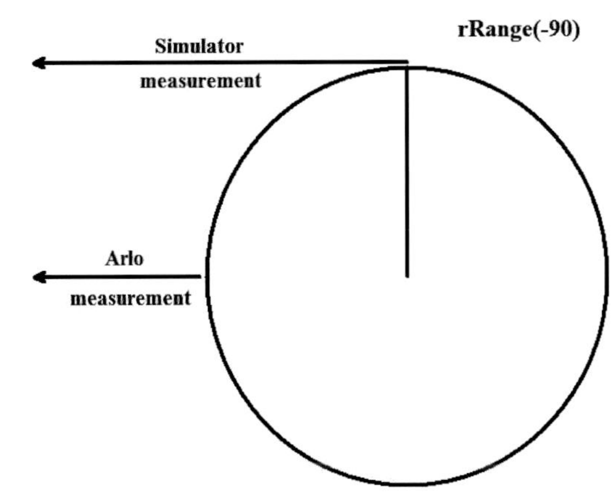

RROS 也支持真实机器人上的转台，但是 Arlo 配置成自动读取安装在底盘上的 PING))) 传感器，这意味着模拟机器人读到的离左墙的距离比 Arlo 读到的远，差值等于机器人的半径，如图 4 所示。

Arlo 的距离读值是以半英寸为基本单位，Arlo 和模拟机器人的半径都基本上是 20 个单位（模拟机器人的半径是 20 个像素）。这意味着墙面到机器人左侧的距离等于机器人的半径，Arlo 是

20，模拟机器人是 40，即使大家都用相同的测量单位。还需要注意的是，在前进方向上，两个机器人用 rRange(0) 测量到的值是相等的。

传感器在不同位置，除了导致读值的差异外，还引起了另一个问题，图 3 中的 FollowWall 程序控制机器人沿着墙走，直到机器人的一边（右边或左边）距离墙的读值突然增加，这意味着此时到了墙尾，当模拟机器人前方突出的传感器越过了墙尾，它就会停下来。

另一方面，对 Arlo 机器人而言，直到边上的传感器驶过墙尾时，才能判断到了墙尾。进一步说，因为 Arlo 的 PING))) 传感器是超声波的，波束相对较宽，所以会使得看上去的墙变长，这使得 Arlo 在越过最后的墙角大半个身体后才会停止沿着墙移动。

重点是，当机器人（Arlo 或模拟机器人）停在门口边上，模拟机器人的前面几乎在门边，而 Arlo 基本上都在开门的位置。可以简单地认为，我们需要移动 Arlo 和模拟机器人到门中央的距离不一样，这部分代码实现可以在图 3 的 if-else-endif 语句中看到。理解了模拟机器人和你搭建的机器人的差异，你才能容易地调整模拟动作来适配你的机器人。

一旦机器人定位到了开门前方，调用 MoveThroughDoor 子程序控制机器人穿过房门进入到房间，然后转向，面朝房间中央。一旦你理解了 From4to2 程序中移动的整个过程，我们就可以继续介绍每个子程序的具体实现。

你可以用图 5 所示的 Face 子程序命令机器人转到指定的方向，程序首先检查机器人是否迷路（之前讨论过的），如果是模拟机器人，则它会慢慢旋转，直到 compass() 函数反馈已经转到指定的方向，真正的机器人也是如此工作，但是因为 RobotBASIC 和 RROS 主板之间的蓝牙通信有延时，所以它的转动速度会非常慢，以此来避免转过了指定方向。

图 5

```
sub Face(dir)
if _Lost then return
   if _Real
     rCommand(_TurnToHalfAngle,dir/2)
   else
     // turn in the shortest direction
     c=rCompass()
     if (dir>c) and (abs(dir-c)<=180)
       d=1
     else
       d=-1
     endif
     while rCompass()!=dir
       rTurn d
     wend
   endif
return
```

为了解决类似问题，RROS 有一个特别的 rCommand() 接口，它用来执行 RROS 中时间敏感的动作。图 5 显示了 rCommand 如何控制 Arlo 转到指定方向，将指定角度除以 2，0 ~ 360 度就可以转为 8bit 的参数传入 rCommand，造成的后果就是转角的分辨率是 2 度，转动的误差依然好于 1%。

有几个地方需要注意，变量 Lost 和 Real 是整个程序中的全局变量，如果要在子程序中读写，则需要在变量名前加下划线。

图 6 的 FindWall 子程序用来控制机器人从一个位置（像图 2 中的位置 4）移动到墙边，这样后面才能沿着墙移动。你也许认为，可以直接通过 rForward 命令控制机器人移动，但是如果机器人不在你设定的位置，就会出现问题。

正是因为这个，子程序通过 Arlo 的 PING))) 传感器（用 rFeel 命令来读取值），在机器人移动过程中，控制它不断地调整方向，这样就不会碰到墙角了。请注意真实机器人和模拟机器人移动的最大距离是不一样的，真实机器人在执行 rForward 1 命令时移动的距离取决于它的速度和完成一次循环的时间，这些值需要通过实验来确定。

当前面的感知传感器被触发时，机器人停止之前的动作，此时意味着机器人也许陷入了混乱中（迷路）。如果是左边或是右边的传感器发出指示，则意味着机器人已经到墙边了。

控制机器人沿着墙移动的子程序显示在图 7 中，你必须传递 OnLeft 或 OnRight 参数给它，它才知道墙在哪边。算法相对简单，主要集中在主循环 while-loop 中，机器人记录当前位置和墙的距离，保存在变量 r1 中，然后在监控对角感知传感器以免发生碰撞的同时，移动一小段距离后，再次测量到墙面的距离并保存在变量 r2 中。

图 6

```
sub FindWall()
    if _Lost then return
    if _Real
      dist = 40
    else
      dist = 55
    endif
    for i= 1 to dist
      rForward 1
      s = rFeel()
      // avoid corner of wall
      if s&2 then rTurn -1
      if s&8 then rTurn 1
      if s&17 // wall detected on left or right
        rForward 5
        break
      endif
      if s&4 then _Lost = True \ break
    next
return
```

图 7

```
sub FollowWall(side)
   if side = _OnLeft
     Direction = -90
     SensorMask = 8
     REVERSE = 1
   else
     Direction = 90
     SensorMask = 2
     REVERSE = -1
   endif
   if _Real
     WallDist = 18
   else
     WallDist = 38
   endif
   while TRUE  // main routine for following wall
     if _Lost then return
     r1=rRange(Direction)
     for i=1 to 10 // edit based on your robot's speed
       if rFeel()&4 then _Lost=True\ break;
       rForward 1
       while (rFeel()&SensorMask) // watch for wall
         rTurn REVERSE
       wend
       r2=rRange(Direction)
     next
     if r2>45 then break; // EOW
     change = r2-r1
     if change>0
       // first prioity - stay parallel with wall
       for j= 1 to 2+abs(change)
         rTurn -sign(change)*REVERSE
       next
     else
       // robot is parallel-try to find correct dist from wall
       for k=1 to 2
       if r2>18 then rTurn -REVERSE
       if r2<18 then  rTurn REVERSE
       next
     endif
   wend
return
```

通过这些测距值，并根据预先定义的优先级动作来控制机器人，和墙面保持平行移动（意味 r1 和 r2 应该相等）。

当机器人的前进路线和墙面不平行时，需要根据误差调整机器人的方向。一旦机器人进入到保持固定距离的程序时，它可以慢慢地靠近或是远离墙面的方向移动，直到和墙面保持设定的距离。

这个子程序必须允许真正的或模拟机器人可以从左边或是右边沿着墙移动，所以程序一开始就需要指定这个值。

图 8 显示的是 MoveThroughDoor 子程序，一旦机器人面对门口，它只需要根据感知传感器的读值就可以纠正方向，免得碰到门，然后往前移动就可以了。需要注意的是，RROS 可以让你设置感知传感器的探测距离。

设置感知距离让探测区域的总宽度略大于门宽，这样更容易穿过房门。请注意，一旦机器人转向房门时，发现它不在门口（有东西直接挡在机器人前方，或是门被关上），机器人会认为它迷路了。

图 8

```
sub MoveThroughDoor(Direction)
    if _Lost then return
    call Face(Direction)
    while true  // assumes rFeel dist is wider than the door
      if rFeel()&4 then Lost = True \break
      if rFeel()&2 then rTurn -2
      if rFeel()&8 then rTurn 2
      if rFeel()&17 then break //doorway found by left or right sensor
      rForward 1
    wend
    if _Real
      rforward 40
    else
      rForward 60
    endif
return
```

使用 RobotBASIC 的标准子程序的一个好处，是它们可以用计算标签来执行，在图 9 中可以看到如何运用这个强大的概念。它可以计算目的地，让 gosub 语句更加容易地控制机器人从当前位置到其他位置。

图 9

```
Cur = 4   // current position
Dest = 2  // desired destination
gosub "From"+ToString(Cur)+"to"+ToString(Dest)
```

例如，用户可用通过键盘输入目标地的编号或是在 Arlo 的触摸屏上点选目的房间。

如同 2014 年 3 的 SERVO 期刊中讨论的那样，更高级的程序支持用语音命令来指明目的地。

图 10 显示了主程序和初始化程序，需要在模拟机器人或真实的机器人上测试一小部分导航系统，用一个循环操作来控制机器人在两个位置间来回移动，这样很容易找到代码缺陷。

由于空间大小的限制，不能完整地显示 From2to4 子程序，但是可以通过文章链接下载它的代码。

初始化一个基于 RROS 的真实机器人，需要很多命令来设定必要的参数，如机器人用到的电机和传感器型号等。因为 Arlo 是一个标准平台，所以当前版本的 RROS 初始化只需要两条命令，这两条命令可以在 InitRobot 子程序中看到。

rLocate(ARLO, 0) 设定了除了罗盘以外的所有参数，如果定义了一个不存在的罗盘，会造成 RROS 死机。

搭建导航系统是一个巨大且艰难的任务，但是可以用下面介绍的方法，极大地简化系统。有两点要牢记，一是机器人在没有得到传感器反馈的信息时，不能移动。例如，在本文中只有当罗盘或是其他传感器确认找到了墙或找到门前的通道，机器人才会沿着墙移动。第二点就是，机器人要周期性地读取传感器的数据，从而判断它是否混乱或迷路。

图 10

```
#include "RROScommands.bas"
gosub InitCommands
Real = FALSE   // set to TRUE to control the real
robot

main:
    gosub InitRobot
    Cur = 4
    while not Lost
      Dest = 2
      gosub "From"+ToString(Cur)+"to"+ToString(Dest)
      Dest = 4
      gosub "From"+ToString(Cur)+"to"+ToString(Dest)
    wend
    xyString 500,300,"Robot is LOST"
end


InitRobot:
    if Real
      rLocate ARLO,0
      rCommand (SetCompass, HMC6352)
    else
      gosub DrawFloorPlan
      rLocate 580,350
      rSlip 10 // creates 10% random error
    endif
    OnLeft=1
    OnRight=2
    Lost = False
    Cur = 4  // specifies robot's initial position
return
```

这里讨论的程序只适用于机器人底盘周围的传感器和它的罗盘，但请记住，Arlo 机器人在转台上还有一个红外和一个超声波传感器。有了这些，机器人则有了更多的选择，例如沿着靠墙的家具移动。转台上还有一个可以确定唯一位置的信标探测器。例如，假设我们想创建子程序 From3to5 和 From5to3。

如果你回看图 2，很明显，在位置 3 和位置 5 之间没有墙可以让机器人沿着移动。

RROS 可以探测到信标（参考 RROS 手册；从 www.RobotBASIC.org 下载），安装两个信标在图 2 所示的位置（图中标示为 B），机器人可以跟踪相关信标直到和墙面保持设定的距离，类似这种技术可以让机器人移动到更多的位置。

机器人甚至可以在房子周围随意移动，然后利用安装在门上面的信标来指引它回到已知的位置，还可以通过信标放置角度的策略来帮助机器人判断它是否迷路。

Arlo 是一个强有力的平台，用它足够搭建一个你一直想要的机器人。

第四部分：机械臂和转台控制

第三部分演示了用一些简单的技术，来控制如真人大小的机器人，从家里的一个房间移动到另一个。本月，你将看到如何通过后台的第二个 RobotBASIC 程序来控制 Arlo 的机械臂和转台，这些规则和技巧可以用其他语言来实现。

上个月的文章介绍了在家里对机器人进行导航操作，主要是用 RobotBASIC 的机器人操作系统（RROS）控制电子罗盘和 PING))) 超声波传感器阵列来完成。Arlo 机器人附加了很多传感器，它有三个安装在底盘的直行传感器，机械手上还有八个传感器，除了 Windows 8 平板电脑上的两个摄像头，在转台上还安装了一个位于头下面的摄像头。

转台上安装了一个信标探测器，两个测距传感器：一个红外的和一个超声波的。转台上的这些传感器增加了很多选择性，提高了之前介绍机器人的导航能力。

转台的两个电机和每个机械臂上的六个电机，都是由如图 2 所示的 Pololu 公司 24 路迷你 maestro 伺服电机控制器来控制。选择这个控制器是因为它在控制电机的同时，还可以和模拟和数字传感器进行交互，转台上的测距传感器的输出是模拟信号，在机械臂夹子上的四个传感器输出的是数字信号。

这 14 个电机和 10 个传感器组成了一个相对复杂的系统，因此，必须有一个支持所有特性的接口，才能更加简单地运用这些新能力。对很多机器人项目而言，有类似这样的接口都是非常有用的，后续会深入介绍细节。

RobotBASIC 通过串口连接 Pololu 的伺服控制器，和 RROS 接口也需要一个串口，因为 RobotBASIC 同一时间内只能用一个串口进行通信，所以同时工作时会存在冲突。当然，软件可以在两个串口上切换，但切换需要占用几百毫秒，时间很长，所以需要用更快的方法。

图 1

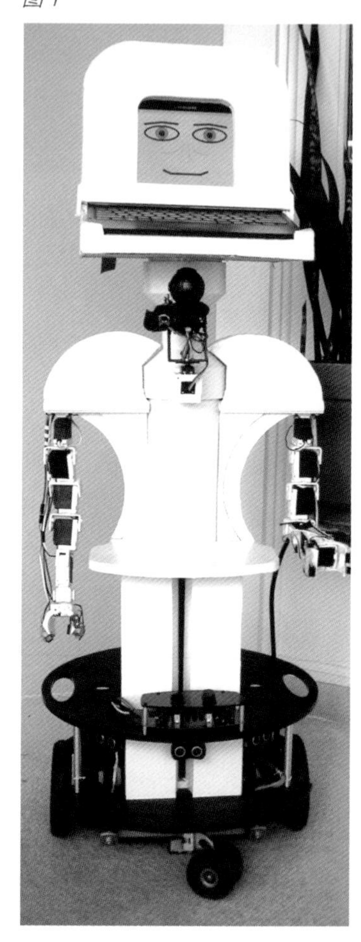

图 2

一种解决方案是让 RobotBASIC 的第二个复制程序运行在后台，操作所有的 Pololu 控制器。

第二个复制程序和第一个 RobotBASIC 程序可以同时工作，每个都用各自的串口。除此之外，还可以将时间敏感的任务分派给后台程序，这样一来，主程序可以做其他的事情。

图 3 列出了分配给 Pololu 伺服控制器的端口，你需要安装这些伺服控制器的 Windows 驱动和软件。你可以复位每个电机的转速、脉冲数目限值等参数。Arlo 的伺服电机运行在最高速度下，为了平滑启动和停止，它的加速度设置为 3，一旦设置好了所有参数，RobotBASIC 可以通过 USB 线缆，用虚拟串口来控制电机。

图 3

Port #	Function	Port #	Function
0	IR sensor	12	Right wrist left/right
1	Ultrasonic sensor	13	Right hand open/close
2	Left shoulder rotate	14	Turret up/down
3	Left shoulder up/down	15	Turret left/right
4	Left elbow up/down	16	L-Hand right finger
5	Left wrist up/down	17	R-Hand right finger
6	Left wrist left/right	18	L-Hand left finger
7	Left open/close	19	L-Hand across
8	Right shoulder rotate	20	L-Hand switch
9	Right shoulder up/down	21	R-Hand switch
10	Right elbow up/down	22	R-Hand left finger
11	Right wrist up/down	23	R-Hand across

你还需要创建如图 4 所示脚本，当脚本运行在伺服控制器上时，它将传感器数据转为 3 个字节：一个字节用于红外传感器数据，一个字节用于超声波传感器，还有一个字节用于夹子上的多个传感器，一个传感器占用一个比特。接下来对脚本做一个总体介绍，但是为了更好理解它，请参阅 Pololu 公司关于控制器的文档——特别是当你不熟悉基于堆栈的程序语言时。

图 4

```
SUB  ReadSensors
#  wait  for  all  servos  to  stop  moving
BEGIN
  GET_MOVING_STATE
  WHILE
REPEAT
#  read  IR  analog  range  data
0  GET_POSITION  3  DIVIDE
0  GET_POSITION  3  DIVIDE
0  PEEK
1  PEEK
GREATER_THAN  IF  SWAP  ENDIF  DROP
0  GET_POSITION  3  DIVIDE
0  PEEK
1  PEEK
GREATER_THAN  IF  SWAP  ENDIF  DROP
#read  analog  ultrasonic  data
1  GET_POSITION
1  GET_POSITION
1  PEEK
2  PEEK
LESS_THAN  IF  SWAP  ENDIF  DROP
1  GET_POSITION  3  divide
1  PEEK
2  PEEK
LESS_THAN  IF  SWAP  ENDIF  DROP
#read  8  gripper  sensors
0  #bit  byte  for  gripper  sensors
#  read  each  gripper  sensor  and  encode  status
#  into  byte
16  GET_POSITION  512  LESS_THAN
  IF  1  PLUS  ENDIF
17  GET_POSITION  512  LESS_THAN
  IF  2  PLUS  ENDIF
18  GET_POSITION  512  LESS_THAN
  IF  4  PLUS  ENDIF
19  GET_POSITION  512  LESS_THAN
  IF  8  PLUS  ENDIF
20  GET_POSITION  512  LESS_THAN
  IF  16  PLUS  ENDIF
21  GET_POSITION  512  LESS_THAN
  IF  32  PLUS  ENDIF
22  GET_POSITION  512  LESS_THAN
  IF  64  PLUS  ENDIF
23  GET_POSITION  512  LESS_THAN
  IF  128  PLUS  ENDIF
#  stack  now  contains  three  bytes
#  (2  analog  and  1  8-bit  digital)
#  add  two  synchronizing  bytes
2  1
#  send  all  bytes
BEGIN
  DEPTH
  WHILE
  SERIAL_SEND_BYTE
REPEAT
QUIT
```

脚本最开始等待所有的伺服电机停止移动，如你后面看到的，这样做可以让操作变得更简单，下一步，脚本获取红外和测距传感器的数据并归一化，这两种传感器，都会返回好几个读数，但只用到了最长距离的数据，这个证明了测距数据的可靠。读取夹子上传感器的数据，并编码成一个字节，其中的每一个比特表示八个传感器中一个的状态。

另外将两个附加字节（值为 1 和 2）加入堆栈，这样做可以确保这五个字节在被传递到 RobotBASIC 之前保持同步。基于 Pololu 的设计，这些字节不能通过 USB 接口读取，除非控制器的串行 IN 和 OUT 管脚连接在一起，使用这种方法，会传递一个多余的字节（尽管这个字节没有在文档中被提到）。进一步说，接口通信偶尔会失步，程序在每次接收时，通过检查字节值是否为 1 和 2 的方法，可以很容易地解决这个问题，一旦 1 和 2 字节被检测到，则接下来的三个字节就是期望的数据。

因为有一个单独的 RobotBASIC，处理所有和 Pololu 控制器相关的事情，所以我们需要一个方法能够让主程序和后台程序通信。图 5 显示了一个有 25 个成员的数组结构，它可以用于主程序和后台程序的交互，这些元组可以像磁盘文件（RobotBASIC 有很简单的命令像读写文件那样读写数组）一样在两个程序之间来回传递。让我们看一下这个数组是如何用来控制电机并传递传感器数据的。

读写这个数组的效率很高，总的时间开销是6毫秒。当数组传递到后台程序时，它会比较0 ~ 13位的数值和当前电机所在的位置数值，如果有任何电机不在这个位置上，后台程序将会发送命令到伺服控制器来移动相应的电机。当电机停止移动时，控制器用图 4 所示的脚本读取传感器数值，并保存在数组的 14 ~ 16 位，传递给电机的位置数据应该和伺服控制器的 Windows 软件所显示的一致。

当数组 18 ~ 24 位的值不为零时，它们被后台程序当做命令执行。让我们先看下第 18 位，根据这位数值，转台做水平或垂直扫描，通过红外和 / 或超声波传感器读取七个数值（如图 6 所示），每个读值和数组 17 位定义的限值（以英寸为单位）相比较，如果探测到物体，则在响应数据中设置 1bit。如果红外和超声波扫描同时进行，并且有任意一个传感器探测到物体，则这个 bit 设置为真，反馈的数据将记录在数组的第 18 位。请记住，通过恰当的编程，可以让主程序做其他事情的同时让后台程序扫描周围的情况。

为了理解通过数组第 19 ~ 21位对应的控制命令，我们需要检查图 7 所示夹子上的传感器，传感器 1，2，3 都是 Pololu 公司的红外反射型传感器，其探测距离是 2 英寸（型号 #1132）。当机械手张开时，传感器 1 和

图 5

Array Elem.	Parameter	Array Elem.	Parameter
0	Left shoulder left/right	14	Gripper data
1	Left shoulder up/down	15	Ultrasonic range in inches
2	Left elbow up/down	16	IR range in inches
3	Left wrist up/down	17	Limit (for scans)
4	Left wrist left/right	18	REQUEST Scan
5	Left hand open/close		Bit 0: a 1 requests IR scan
6	Right shoulder left/right		Bit 2: a 1 requests ultrasonic scan
7	Right shoulder up/down		Bit 3: 0-Horz, 1-Vert
8	Right elbow up/down	19	REQUEST to close hand
9	Right wrist up/down	20	REQUEST Look L/R for object near hand
10	Right wrist left/right	21	REQUEST Hand forward until object found
11	Right hand open/close		For above three REQUESTS, use
12	Turret up/down		1 for Left hand and 2 for Right hand
13	Turret left/right	22, 23, 24	Reserved for user expansion

图 6

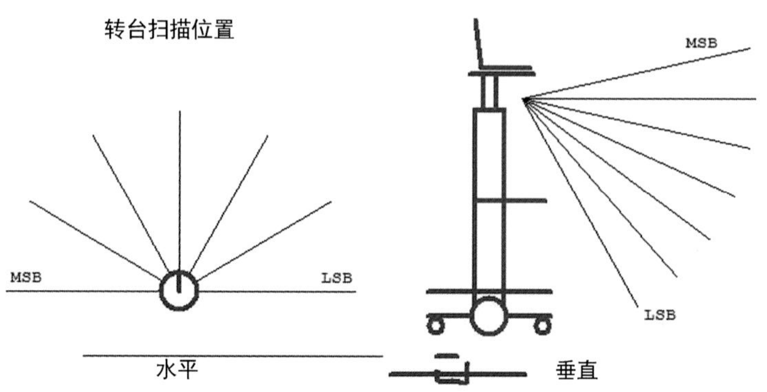

2的探测方向从夹子的指尖指向外面，当夹子闭合时，指向里面，软件可以通过监控这几个传感器来保证机械手的中心位于待抓取物体的正前方。

图7

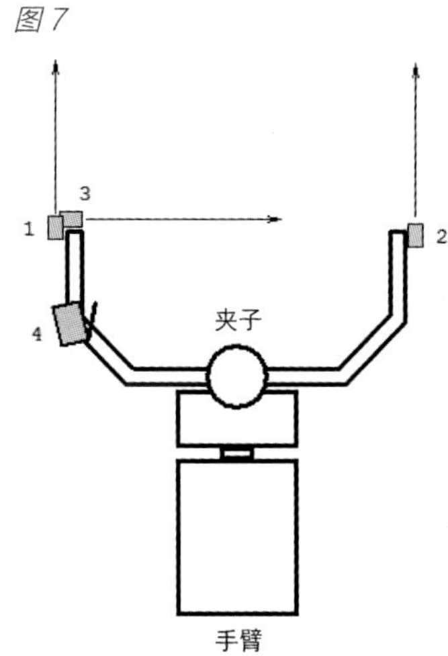

图 7 中的传感器 3，扫描区域是手指之间的开口处，一旦夹子处在中间位置，机械臂只需朝前移动，直到待抓取的物体被传感器3探测到，然后机械手开始闭合，直到抓取动作开关（传感器 4）关断，这意味着可以获取到机械手的握力大小，还可以根据控制伺服电机开、合时的脉冲宽度来判定物体的直径。

如果数组 19 位的值是 1 或 2，则左手或右手会闭合直到开关关断；夹子的最后位置数据被保存在数组第 5 位（左手）或是第 11 位（右手）中。

数值第 20 ~ 24 位留作将来的扩展命令，帮助用户控制机械臂。例如，通过第 20 位，可以请求机械手左右轻微移动，同时通过面向前方的传感器探测物体。如果发现目标，需要将机械手的中心对准物体，如果没有发现目标，机械手则回到初始的位置，并设置数组的第 20 位为零。

另一个例子，数组第 21 位可以用来请求机械手朝前移动一小段距离，如果传感器 3（图 7）探测到物体，则机械手将朝前慢慢地移动，然后停止。在理想情况下，可以将物体纳入夹子的闭合范围中。如果没有发现物体，机械手则回到初始位置，并设置 21 位为零。

通过类似这样的命令（第 22、23、24 位），让编程操作 Arlo 的机械臂和夹子变得更加简单。

当主程序需要后台程序执行任何动作时，它只需要修改数组中对应的成员并保存数组在名为 ProcessNow 的文件中。当后台程序发现这个文件时，它将执行主程序请求的动作，并且更新伺服电机的当前位置以及转台数据到文件中，然后将这个文件改名为 DataReady。

主程序在检查是否存在 DataReady 的文件同时，还可以执行其他预期的动作，一旦检查到文件存在，就可以读取数据到数组中。通过这样的方式，程序就可以根据反馈的信息来决定机器人的下一步动作。

图 8 显示了一小部分的远程代码，通过这段代码，你可以了解程序是如何工作的。文中没有地方来显示完整代码，但是你可以从文章链接地址下载支持代码库以及文中介绍的程序代码打包文件。如果想要更多的了解如何搭建自己的 Arlo 机器人，请参阅书籍《Arlo：The Robot You’ve Always Wanted》，今年夏天的时候就可以在 Amazon.com 上买到。

图 9 显示了主程序的一小部分，通过这部分代码，可以看到控制 Arlo 机器人非常简单。整个程序代码包含在文章下载链接处这些内容。程序利用 Window 进行人机对话以及语音识别，在 2014 年 3 月 SERVO 期刊中我们介绍过。你还可以上 YouTube 观看 Arlo 机器人执行这些动作的视频，标题是 Arlo:The Robot You’ve Always Wanted，链接是 http://youtu.be/ohplRN-y2wY。

图 9 所示主程序等待语音命令中的关键词，从而执行相应的请求。只利用关键词而不是完整的句子，可以让机器人显得更加智能。例如，你可以下达“请向前移动”“现在向前”或“向前”这样的命令，来指挥 Arlo 机器人向前移动。

同时也要注意，你可以用 Say 函数命令 Arlo 用设定的表情（自动同步语音和嘴型）说一段话。观看前面提到的视频，可以更好地欣赏这些特点。函数 Say 的代码也提供在下载代码包中，它调用了允许读取 Windows 8 平板电脑传感器的程序库。

图 8

```
Main:
  gosub  Init
  while  TRUE
    repeat
    until  FileExists  ("ProcessNow")
    gosub  Process
    FileRename("ProcessNow","DataReady")
  wend
end

Process:
  mRead  P,"ProcessNow"
       //  read  the  file  data  into  the  array  P[]
  gosub  MoveServos
  if  P[18]  then  gosub  Scan
  if  P[19]  =  1  then  gosub  CloseLeftHand
  if  P[19]  =  2  then  gosub  CloseRightHand
  if  P[20]  then  gosub  LookLR
  if  P[21]  then  gosub  ForwardUntil
  mWrite  P,"ProcessNow"
       //  write  the  Array  data  to  the  file
return

MoveServos:
  for  i  =  0  to  13
    if  P[i]!=Last[i]
       //  if  servo  position  has  changed
       //  move  servo  (see  Pololu  documentation)
          SerOut  char(0x84),char(i+2),char(4*P[i]
          &0x7f),char(  (4*P[i]>>7)&0x7f)
          Last[i]  =  P[i]  //  remember  "last"
          position
       endif
    next
    gosub  ReadSensors
return

CloseLeftHand:
  for  ih  =  Last[5]  to  ClosedLeft  step  25
  // close  hand  till  switch  closes
    SerOut
char(0x84),char(5+2),char(4*ih&0x7f),char((4*ih>
>7)&0x7f)
    gosub  ReadSensors
    if  P[14]&LHswitch  then  break
  next
  Last[5]=it  //  remember  "last"position
  P[5]  =  it  //  and  update  current  position
  P[19]=0  //  zero  out  request  to  move  hand
Return

//  portions  omitted  due  to  space  limitations
//  full  program  available  in  download
```

图9

```
main:
  gosub InitAll
  while true
    //note: comments show examples of verbal
    //commands
    gosub CheckForVoiceCommand
    if InString(VoiceIn, "PROGRAM")
    // end program
      break
    elseif Instring(VoiceIn,"ARLO")        // Arlo
      call Say("Yes john what can I do for
      you", happy)
    elseif Instring(VoiceIn, "GOOD")
    // that was good
      call Say("I am glad you liked it",
      happy)
    elseif InString(VoiceIn, "DEMO")
    //Demo your emotions, do a face demo
      gosub DemoFace
    elseif Instring(VoiceIn, "FORWARD")
    //move forward, forward please
      gosub MoveForward
    elseif Instring(VoiceIn, "RIGHT")
    //turn to your right, turn right
      gosub TurnRight
    elseif Instring(VoiceIn, "AGAIN") or
    Instring(VoiceIn,"REPEAT")
      gosub DoAgain
    //do that again, repeat please
    elseif Instring(VoiceIn, "KITCHEN")
    //go to the kitchen,move to kitchen
      Dest=Kitchen
    // As discussed in Part 3 of this series
      gosub
"From"+ToString(Cur)+"to"+ToString(Dest)
    elseif Instring(VoiceIn, "WHO")
    //who are you
      gosub Greeting
    elseif Instring(VoiceIn,"WAVE")
      gosub DoWave
    //wave to me, please wave
    endif

    P[10]+=440
    gosub MoveServos
  next
  gosub DropArm // return to normal position
  call Say("How was that",normal)
return

MoveServos:
  mWrite P,"DataReady"
  FileRename("DataReady","ProcessNow")
    // tell background to process
  repeat
  until FileExists ("DataReady")
    // wait for background to finish
  mRead P,"DataReady"
return

DoMore:
  if LastMove = "Right"
     rTurn 10
  elseif LastMove = "Left"
     rTurn -10
  elseif LastMove = "Forward"
     rForward 10
  elseif LastMove = "Backward"
     rForward -10
  endif
return

DoAgain:
  // allows specific commands to be repeated
  if LastMove = "Right"
    gosub TurnRight
  elseif LastMove = "Left"
    gosub TurnLeft
  elseif LastMove = "Forward"
    gosub MoveForward
  elseif LastMove = "Backward"
    gosub MoveBackward
  elseif LastMove = "Wave"
    gosub DoWave
  elseif LastMove = "Who"
```

```
  wend
  call Say("Program will end now.
  Goodbye", normal)
end

MoveForward:
  rForward 30
  LastMove = "Forward"
    //allows other commands to
  //know what happened last
return

Greeting:
  call Say("My name is Arlo",normal)
  call Say("I am the robot you have always
  wanted",happy)
  LastMove = "Who"
    // allows REPEAT to work with this command
return

TurnRight:
  rTurn 40
  LastMove = "Right"
return

DoWave:
  // position arm for wave
  P[6] = RightArmSafe
    // rotate arm so save to raise it
  gosub MoveServos
  for ti=3 to 5
    P[ti+4]=ArmData[6,ti]
  // setup new arm position
  next
  // close hand
  P[11] = RightHandClosed
    // request closing action
  gosub MoveServos
    // perform the actual wave
  for ti= 1 to 3 // wave 3 times
    P[10] = WristForWave
    gosub MoveServos

    gosub Greeting
  elseif LastMove = "Scan"
    gosub DoScan
  endif
return


DemoFace:
  call Say("okay",normal) \delay 100
  call Say("I can do that for you",happy)
  call Say("This demo shows how to make me say
  what you want",normal)
  for horz=0 to -100
    gosub DrawFace
  next
  call Say("I can be angry",angry) \delay 2000
  horz=0 // controls horizontal position of
  eyes
  call Say("And I can be Happy",happy) \delay
  2000
  call Say("Or sad", sad)\delay 2000
  call Say("Even surprised", normal)
  call Say("",surprise)\delay 2000
  call Say("Pretty good huh", happy)\delay 2000
  horz=100
  delay 1000
  horz=0
return
```

标准的 RobotBASIC 命令集（如 rForward 命令，控制机器人向前移动）支持很多动作，可以通过保存伺服机构的位置值到数组中来移动机械臂和转台，调用 MoveServos 函数传递数组到后台程序，然后等待运行结果。

开发者还可以设计一些高级动作，例如，当告诉 Arlo 看守房子时，会激活机器人在家中做周期性巡察动作，同时拍照发送给你（RobotBASIC 有发送 email 和基于 TCP 和 UDP 协议进行网络通信的命令）。

通过编程，Arlo 可以完全支持自发行为，例如，当检测到电池电量低了，就可以自己导航找到充电站，然后插上电源给自己充电。

基于 Arlo 强大的传感能力，它几乎可以完成业余爱好者或学生希望机器人能够做到的任何事情，它真的是你一直想要的机器人。

05 机器人最新资讯

机器人最新动态报道

《Servo》撰文　赵俐 译

指尖上的传感器

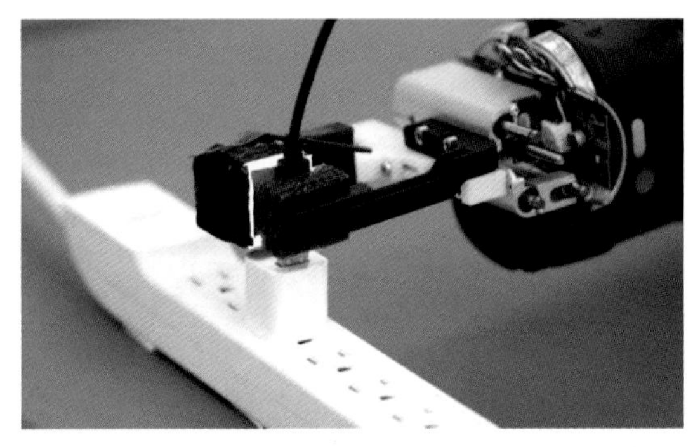

麻省理工学院和美国东北大学的研究人员为机器人配备了一种新型触觉传感器，使机器人能抓住一根自由垂下的 USB 线并将其插入 USB 端口。

该传感器采用了一种名为 GelSight 的技术，此技术由 Edward Adelson 实验室研发，麻省理工学院视觉科学系的 John 和 Dorothy Wilson 教授于 2009 年首次提出该技术。这款新型传感器的敏感度不及原来的 GelSight（其细节分辨率达微米级），不过它更小——小到足以能安装到机器人的手指上，而且其处理算法更快，可以实时为机器人提供反馈信息。

工业机器人经过事先准确定位后，具有非常高的精度。美国东北大学计算机科学系助理教授和研究小组的机器人专家 Robert Platt 指出，对于一个靠轴承来行动的机器人而言，这种精确操纵是前所未有的。

Platt 说，“很长一段时间以来，人们一直在尝试，但均以失败告终，因为他们使用的传感器不够精确，而且对于要抓取的物体也缺乏足够的定位信息。”

研究人员在最近的智能机器人与系统国际会议上展示了他们的成果。MIT 团队包括 Adelson、第一作者博士生 Rui Li、硕士研究生 Wenzhen Yuan 和机械工程系的高级研究员 Mandayam Srinivasan，他们设计并实现了这种传感器。Platt 在美国东北大学的团队开发了机器人控制器并进行了试验。

大多数触觉传感器采用机械测量方法来测量机械力，而 GelSight 使用光学和计算机视觉算法。

Adelson 表示，“自从有了孩子后，我就对触觉产生了兴趣。我原以为我感兴趣的是观察他们如何使用视觉系统，但他们使用手指的方式更令我着迷。作为一名视觉研究人员，我知道，要想观察手指收到的信号，最有效的方法是找到一种方式将机械触觉信号转换为视觉信号。将信号转换为图像之后，我才会知道该怎么处理它。”

在 Platt 的试验中，MIT 衍生企业 Rethink Robotics 研发的机器人 Baxter 配备有一个双钳抓手——其中一个钳子的指尖安装了 GelSight 传感器。使用传统的计算机视觉算法，该机器人能够识别出悬挂的 USB 插头并试图抓住它。然后它通过凸显的 USB 标志确定 USB 插头相对于其抓手的位置。尽管机器人抓取插头之处的两个方向上都有 3 毫米的偏差，它仍然能够将插头插入仅容许大约 1 毫米误差的 USB 接口。

Li 补充道，“作为机器人专家，我们一直在探寻新的传感器。这个样品具有广阔的前景，可将其开发为实用设备。”

PATIN 概念

东京的 Flower Robotics 设计工作室提出了一种未来设想——家具也能具有生命，台灯和花盆可以在家中四处走动。2014 年年初，该公司发布了一款名为 Patin 的概念设备，它是一种机器人服务平台，可通过特殊附件执行多种功能。

与 Roomba 这样执行特定任务的机器人不同，Patin 由一个移动底座和一个上层平台组成，你可以在平台上安装不同的模块。因此，你只需一个 Patin 和所需的附件即可让机器人拥有新功能，而不必使用多个机器人来执行不同的工作。

因机器人模特 Palette 而出名的 Flower Robotics 公司一直致力于研发底座原型，并计划在 2016 年推向市场。为机器人提供不同功能的附加模块尚处于概念阶段；在一个广告片中，Flower Robotics 展示了机器人带着台灯走近正在读书的人，诸如此类。

目前的原型使用一个全向轮底座，机器人步态优美，滑动平稳（这也是 Patin 这个名字的由来，它在法语中是“滑冰”的意思）。机器人使用了 NVIDIA 出品的 Jetson TK1CPU，并运行 Linux 操作系统。为了导航并侦测人和物体，它还采用了华硕 Xtion Pro Live 深度摄像头。它还装备了一系列其他摄像头、一块 Arduino 板，以及接触传感器和距离传感器。

Flower Robotics 并不打算独自开发功能性的附加模块，而是希望其他公司来开发，甚至包括那些缺乏机器人经验的公司。这款机器人可以承载最多 5 千克的重量，并且有一个 SDK 编程接口。该公司表示，Patin 还可以连接云服务来访问数据（如音乐）和获取新的行为。

洗衣过程实现自动化

在 PR2 机器人的众多技能中，叠衣服是最出名的。早在 2010 年，加州大学伯克利分校就展示了其研发的 PR2，这款机器人可以从烘干机里取出刚烘干的一堆毛巾，并将它们整齐叠好。叠好每条毛巾需要大约 20 分钟，但重要的是，这整个过程完全无需人的介入。你只需将一大堆毛巾和浴巾丢给 PR2，等几小时后再回来，所有东西就都已经叠好了。

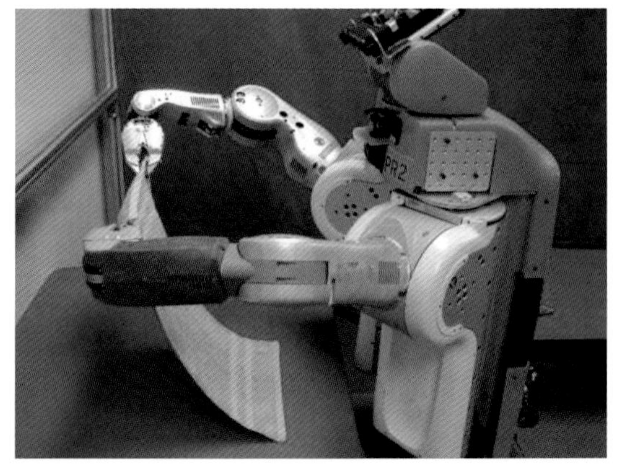

自 2010 年以来，我们看到过另外几个 PR2 叠衣物的例子，但我们一直很期待看到完整的洗衣过程演示。这个目标似乎就快实现了。

整个洗衣过程中 PR2 缺少的一个功能是：拿起脏衣服，将它们送到洗衣机处，放到洗衣机里。在最近的一个视频中，Siddharth Srivastava 及其联合作者 Shlomo Zilberstein、Abhishek Gupta、Pieter Abbeel 和 Stuart Russell 展示了 PR2 即将掌握这些任务。

这显然是一大进步，但我们离这一目标到底有多远？下面是一个机器人的完整洗衣过程：

- 定位脏衣服
- 捡起脏衣服
- 将脏衣服放在洗衣篮里
- 将洗衣篮拿到洗衣机处
- 打开洗衣机门
- 将脏衣服放到洗衣机中
- 注入洗衣液
- 关上洗衣机门
- 设定好程序并启动洗衣机
- 将洗完的衣服放到烘干机中
- 从烘干机中取出烘干的衣服
- 叠好衣服或将衣服挂到衣架上
- 将衣服收到衣橱中

那么这里的结论是什么呢？PR2 几乎能够从头到尾自主完成整个洗衣过程，这真是不可思议。

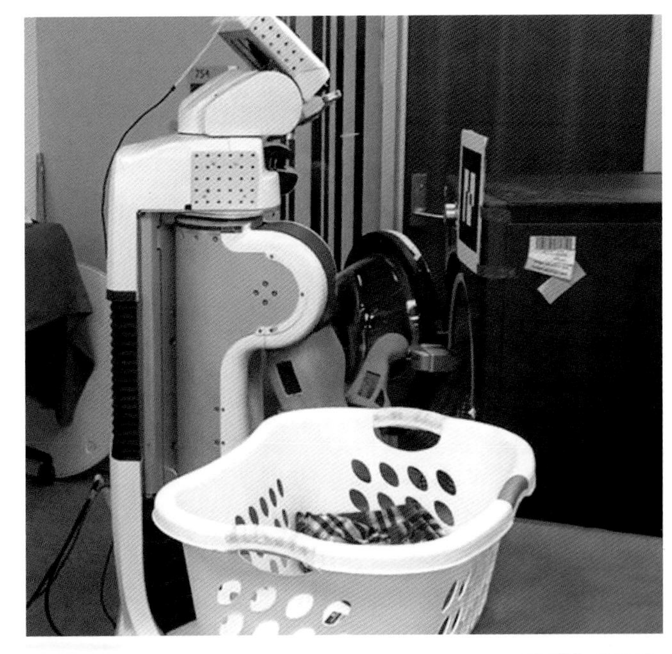

其次，PR2 的一些不足之处归因于其采用的通用机器人设计。PR2 即使不是第一也是首批真正的通用机器人平台之一，具有很高的可靠性和精密度，可执行各种各样的任务，鉴于其设计，它不可能每件事都做到尽善尽美。

最后，在这些洗衣任务中（以及大多数家务劳动中），添加一些适用于机器人的功能，对专为人类设计的环境做一些小变动，极有可能产生很大的影响。

例如，洗衣机和烘干机上的大门把手；一些置于适当地点的二维码；可以遥控的电器。这些东西对人类而言没什么大的影响，但它们是一个机器人能否洗衣服的关键。

AEON SCIENTIFIC 荣获 2014 年度瑞士国家级工业技术奖

ETH 衍生企业 Aeon Scientific 荣获了 2014 年度创新创业类瑞士国家级工业技术奖。这家生物医学工程公司凭借其机器人控制的手术系统深深打动了评委，该系统可用于快速安全地治疗心律失常。

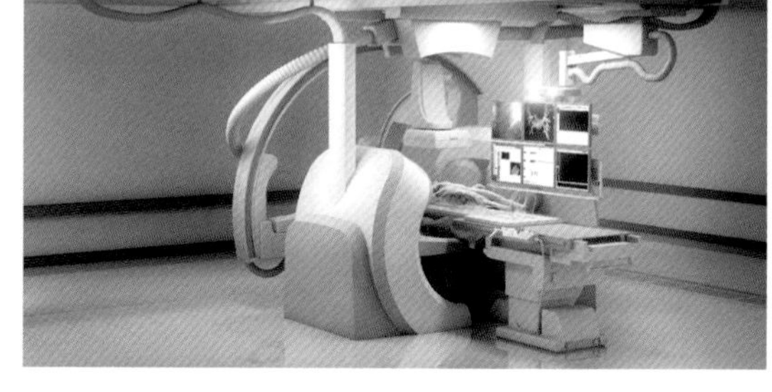

心脏病专家坐在手术室旁边的控制室中，使用操纵杆控制导管穿过患者的血管插入心室，从而精准地治疗心律失常。凭借这款机器人控制的手术系统 Phocus，Aeon Scientific 赢得了 15 位评委的一致肯定。

Aeon Scientific 首席执行官 Dominik Bell 表示，“我们很高兴，我们的工作得到了认可和赞赏。该奖项将帮助我们推销我们的产品，并找到新的投资者和员工。”

GelSight 传感器，无论是最初版本还是安装在机器人上的新版本，都是由一块透明合成橡胶组成，其中一面喷涂金属漆。当橡胶被按压到物体表面时，将发生形变，金属漆将稳定地反映出不同材质的反光特性，因此更容易进行精确的光学测量。

请给我打印一条腿

我们人类不断将机器人派遣到离地球越来越远的太空，同时也在地球上让它们处理越来越复杂的情况，这两个方面都意味着自主性越来越重要。如果在不熟悉的环境中工作，机器人会遇到各种意外状况，我们希望它们尽可能减少对主动人为干预的依赖。

自主性仅仅只是个开始。我们的目标是让机器人具备学习和进化的能力。挪威奥斯陆大学的研究人员正在开发一种系统，这种系统可打印出定制机器人来解决其面临的任何状况。

来自机器人与智能系统研究小组的 KyrreGlette 教授介绍了该系统的整体概念：

“未来，机器人必须适应在遥远行星的深矿中执行任务，有时会抵达放射性灾区、危险塌方区域，或者南极海床。这些环境非常极端，是人类无法适应和解决的，这个时候自动控制机器人将派上大用场。想象一下这种机器人进入核电站失事地点，它可以开辟一条新的通路。机器人处理复杂地形环境时，会拍照进行分析，其手臂上配备 3D 打印机，能够应对不同环境打印出新的机器人或现有机器人的新部件。”

奥斯陆大学 / 机器人与智能系统

几年前，美国宾西法尼亚大学的研究人员也提出过类似的设想，当时他们的机器人能够通过喷涂材料制作出一个新的机器人。目前奥斯陆大学正在使用一台造价不菲的 3D 打印机来制作出更精准的设计模型。输入机器人大小、运行速度、效率，还有攀爬、转弯等能力和动作的设计后，该系统会做出各种不同的机器人，机器人体型、手臂、关节等环节各异。然后让它们互相格斗（仿真测试），最终选出获胜的机器人样本送至 3D 打印机上进行打印生产。

但是，这些仿真测试的效果并不是那么完美，与真实环境仍有很大差别。因此，研究人员会要求这套系统制作出一组机器人，每个机器人的处理性能被系统默认为相同。比如，三个机器人中，A 有 4 条腿，B 有 3 条腿，C 有 6 条腿。

现阶段，机器人的处理能力会在真实环境中测算，但最终，一切都会自动化，在仿真或实地测试中对设计进行测试，并用数据来完善下一代机器人和算法进化。

自动运行完成工作对机器人而言是一个至关重要的能力。人类之所以能够在进化中生存下来，就是因为能够适应陌生和意想不到的环境，这是机器人迫切需要学习的一项技能。

机器人辅助工具

斯坦福大学设计的 SupraPed 机器人平台使用“智能手杖”改善平衡和行走能力。

SupraPeds 的设计理念是通过融合一对视觉和力感应式智能手杖，将双足人形机器人转变为多足机器人，从而增加行进的稳定性。

如果有人曾在真实环境（按研究用语来讲，就是“非结构化环境”）中看过人形机器人四处移动，就应该知道，对于一台机器而言，在凹凸不平的表面或横向平面上完成复杂的动作并保持平衡有多艰难。

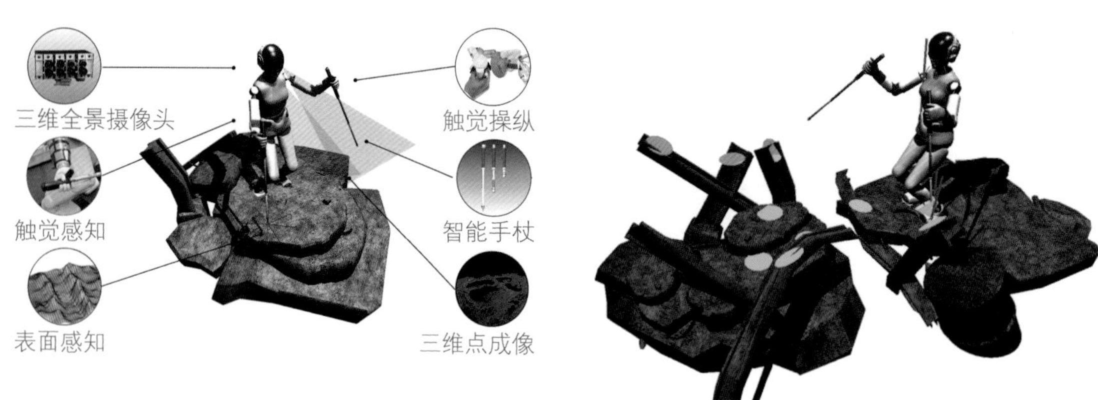

四足机器人，比如 Boston Dynamic 的 BigDog，似乎更擅长平衡行走，但不能用手打开门或将人从残垣瓦砾下拉出来。

人类有时也难以保持平衡，比如爬山或者在冰面上行走时。在很多这样的情况下，人们往往会借助值得信赖且久经时间考验的工具：手杖。

在斯坦福大学人工智能实验室与 OussamaKhatib 共事的一位博士后 Shuyun Chung 表示，“人们致力于让机器人模仿人类，却忽略了一个重要事实：每当人类达到其极限时，会用各种辅助工具增强自身能力。”

“或许最有用的工具就是手杖，可增加步行时支撑的面，减少腿部受力，还可用作传感器来探测脚步的稳定性。”

在救灾现场工作时，SupraPed 可以使用手杖探索它们身边的地形，扩大行动范围，甚至传达触觉给位于远处的人类，后者可使用该数据规划机器人的动作。

斯坦福大学研究人员的工作由美国国家科学基金会赞助，是国家机器人计划的一部分，旨在开发能与人类并肩工作的新一代机器人。

火箭机器人

为了使轨道运输更安全廉价，SpaceX始终不懈地致力于研制完全可重用的火箭系统。其目标在于打造一款新型猎鹰9号运载火箭，该款火箭发射到太空后可自行返回地球——精准垂直着陆。

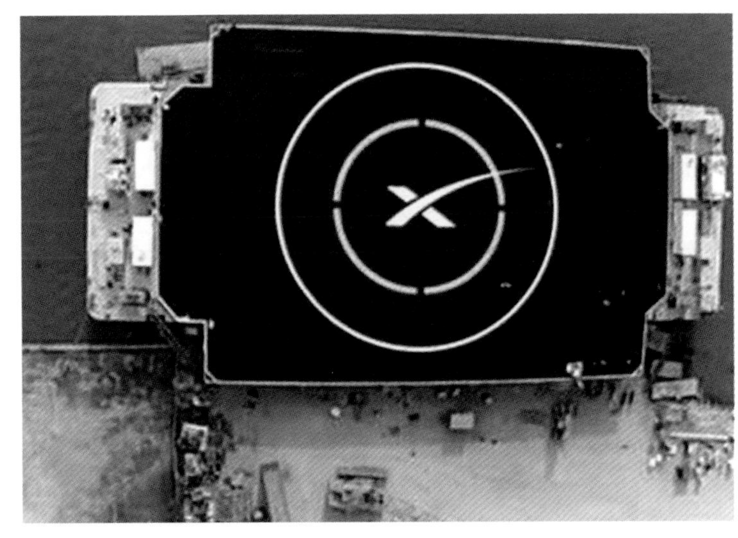

SpaceX的工作一直在稳步进展，陆续在火箭上加装了着陆支架、引导翼，多次海上着陆试验成功。下一步是尝试让猎鹰9号在坚硬的表面着陆，为此没有比海上无人船更安全的地方了。

这张照片展示了Elon Musk和SpaceX提出的新概念。这是一个90米长、50米宽的自主浮动火箭着陆平台。它完全是自动化的，使用GPS导航和四个根据深海钻井平台原理改造的推进器，即使在恶劣的气象条件下也能将位置固定在三米范围内。最终该平台还将能够补给燃料并发射火箭。

在这个概念中涉及的两个机器人当中，无人船的工作更轻松一些。它只需尝试尽可能保持平稳即可。然而，猎鹰9号火箭必须使其跨度为20米的着陆支架降落在着陆区内，即使此着陆区随海浪摇摆不定，也要做到这一点。

为了实施完成此任务所需的控制，SpaceX为最新的猎鹰9号装备了“X翼配置”翼面：采用“高超音速栅格翼”设计概念帮助火箭在重返地球大气层时控制自身状态。

在撰写本文时，SpaceX 正打算几周后试用该系统，发射猎鹰 9 号完成向国际空间站运货的任务，并安排其 12 月返回地球。Musk 表示此次尝试的成功概率大概有 50%。在 2015 年至少会有十几次的火箭发射，Musk 确信至少会有一次成功。据《空间新闻》报道，Musk 乐观地表示，“很可能有 80% 到 90% 的概率会有一支火箭能顺利着陆并重新起飞。”

RoboSimian 的代理机器人

JPL 研制的 RoboSimian 机器人于去年举行的 DARPA 机器人挑战赛（DRC）选拔赛上亮相。尽管 RoboSimian 能够像猴子一样在树上荡来荡去，并且比先前的模型“更容易摧毁人类社会”，但 JPL 似乎认为自身的设计并不算完美。选拔赛一结束，他们就开始设计一个名为 Surrogate 的（形体稍较传统的）新型机器人。而现在，经过几个月的测试，结果出来了。

这对 RoboSimian 而言是好消息：它名列榜首，将有资格参加 DRC 总决赛。Surrogate 看起来像是将三只 RoboSimian 的腿接在一起，再加上一双 Robotiq 的手爪、头部传感器和移动平台。

Surrogate 的身高约 1.4 米，体重刚超过 90 千克，更适合执行操作性的任务，尤其是需要伸手触及的任务。对于某些 DRC 任务，这可能使它比 RoboSimian 做得更好，但装配履带意味着它不能顺利通过废墟、爬上梯子或是驾驶车辆。此外，Surrogate 的传感器都集中在头部，而 RoboSimian 的传感器分布于全身各处。

颈部肿瘤患者的福音

在一项突破性的新研究中，加州大学洛杉矶分校的研究人员首次提出了一种机器人辅助外科技术，利用机器人成功到达以前无法到达的头颈部区域完成治疗。

此电脑动画展示了机器人手术的进步，如何使外科医生能够通过微创手术切除头颈部肿瘤。

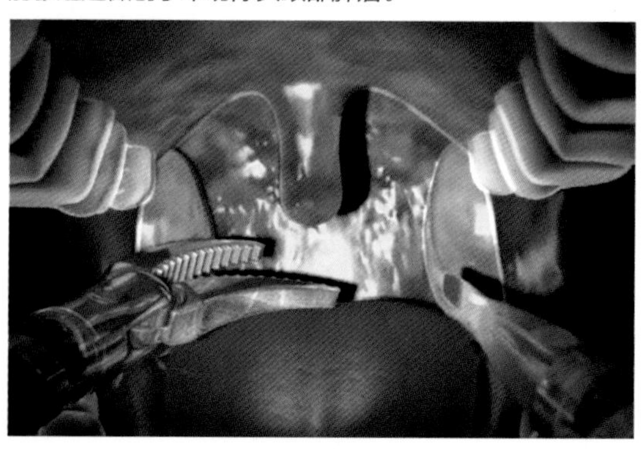

这一开创性方法如今可安全有效地应用于肿瘤患者，切除以前被认为不可实施手术切除的肿瘤，或者需要结合高创伤性外科技术和化疗或放疗手段才能治疗的肿瘤。

这种新方法是 Abie Mendelsohn 医生开发的，他是加州大学洛杉矶分校琼森综合癌症中心的成员，兼加州大学洛杉矶分校头颈部机器人手术外科主任。这种方法作为外科领域的一种前沿技术，可用于治疗几乎无望彻底摆脱癌症的患者。

Create 改造版

iRobot 于 2007 年推出了 Create 机器人：这是一款 Roomba 400 系列扫地机器人，专门用作可自主编程机器人移动平台。该机器人的起价为 129 美元，它坚固可靠且相对易于编程。事实上，我们现在仍然可以看到 iRobot Create 在机器人研究中得到应用。

然而这已是很久以前的事，特别是随着机器人发展步伐的加快，最初的 Create 在五年前就已是一个过时的平台。iRobot 也意识到了这一点，于是改进了他们的产品，宣布推出 Create 的一个全新版本，并承诺继续助力 STEM 和机器人教育。

以下是相关新闻公告：

Create 2 可编程机器人平台，是一款以 Roomba 600 系列产品为原型，预装配好的可编程机器人，开箱即用。教育工作者，学生及开发人员可通过它编辑机器人的行为、声音及动作，或者增加额外的部件等。

项目计划与指导——基础编程示例及根据不同难度等级划分的初始任务。帮助教育工作者和学生们开启他们的第一个机器人编程任务。启动项目的内容包括：

DJ Create 2：一款可移动的机器人 DJ，通过蓝牙移动设备轻松控制音乐播放。

“光绘画机器人”：通过光绘画技法绘制 LED 图像的机器人。

3D 打印文件：通过 3D 打印制造新部件的指南及文件，比如代替垃圾盒的托盘及制造新部件的 3D 打印文件。

数据线：USB 数据线，用于将指令从笔记本或其他电脑设备传输至机器人。

面板钻孔模板：便于在 Create 2 上钻孔并安装其他新部件。

Create 2 售价为 200 美元。

新型电子皮肤

科学家首次提出要研制非常接近人类皮肤的柔性“电子皮肤”，其不仅可以帮助我们的机体检测压力的存在，而且还可以告知我们压力来自的方向。ACS Nano 杂志最近发表了相关进展的研究论文（可应用于假肢和机器人）：“基于仿人类皮肤联锁显微结构且可感知不同方位的柔性电子皮肤。”

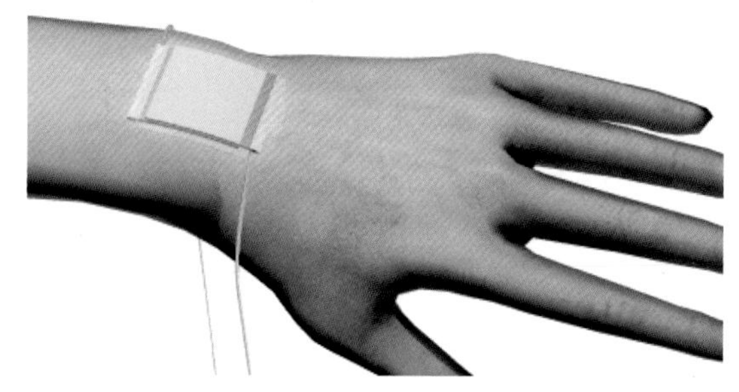

HyunhyubKo 及其同事解释道，电子皮肤是一种类似于薄膜的柔性材料，其可以帮助检测压力、读取大脑活动、监测心率或执行其他功能；为了增强触觉敏感性，有些电子皮肤可以模拟甲虫及蜻蜓机体中发现的显微结构。其可以告知我们身体接触物品的形状及组织结构，并且告诉我们如何去抓住物品。Ko 的团队决定以人类的机体结构为基础开发出可以“感知”三维结构的电子皮肤。

机器人以光线作画

瑞士现正在研究如何让 Thymio 机器人以光线作画。它们现在已经先进到可以做出高品质 8 位元的电动游戏角色。

机器人所运用的技术其实很好懂。小小的 Thymio 机器人下方有很多光传感器，它们利用一个传感器去追踪不同色阶的黑白长直线之中的特定灰色的数值，有点像是传统的“巡线程序

（line-following program）”的进阶版；利用一个光传感器追踪其色阶差，让机器人可以持续做出小幅修正直到目的地；但如果传感器是跟着一条黑线，就需要大幅修正路线。

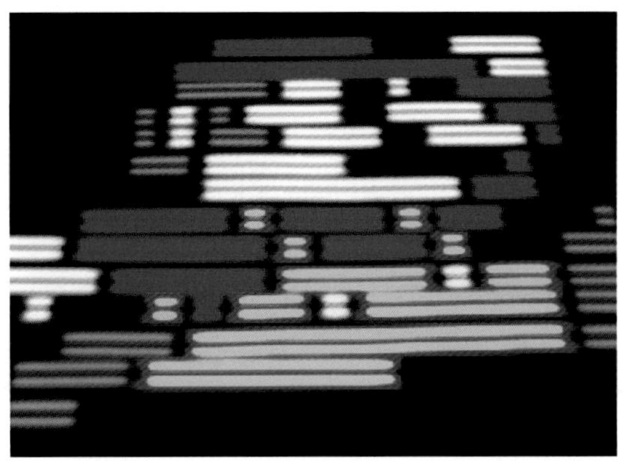

另一个光传感器则用于读取与线条平行的简单的四位条码。条码以黑色开始（同步位元会告诉机器人条码从这里开始），然后其他三个位元可以是黑白综合，并连结到八个默认颜色中的一个颜色。如果你想使用更多颜色，可以把条码弄得长一点。

一旦设定好轨道（灰色线条与条码），用光作画就容易了。每个 Thymio 机器人跟着线条走，然后依照读取到的颜色条码改变颜色。用相机在暗室做几分钟的长曝光（或更久，视轨道长度而定），最后你就会得到一张很漂亮的“光画”。

前面玛莉欧图片用了一个机器人是 20 多分钟才画完，但如果同时使用 7 个机器人，只需要两分钟即可完成这幅画。

探鱼器

英国早前发起了一个宏伟的计划，利用创新海洋机器人舰队搜集有关海洋过程和海洋生物的宝贵信息。该项目的第二阶段刚刚结束。在英国国家海洋学中心（NOC）的协调下，Exploring Ocean Fronts 项目最近也在英国西南部展开，完成了有史以来在英国水域实施的最大规模的机器人部署。

靠海浪、风力和太阳能发电的海洋机器人，通过卫星通信进行控制，在一次任务中可搜索数百公里的水域。

目前，项目相关人员使用了三艘水面无人艇在德文郡海岸跟踪固定在鱼身上的声波发射

器。来自英国海洋生物协会（MBA）的科学家标记并放生了约 85 种鱼，包括鲭刺类鱼、鳎目鱼和比目鱼，目的在于了解这些鱼在海洋保护区中是如何活动的。漫游在海面上的无人艇安装了有声波接收器，与海底的一系列固定接收器一同跟踪保护区内外鱼的动向。

谈到鱼跟踪试验，MBA 的 David Sims 教授说：“巡逻的机器人成功找到标记的鱼，并且追踪每种鱼几天内的动向。这表明，海洋机器人可以监控有重要商业价值的鱼类的分布动态，这将帮助我们有效理解并管理气候变化的影响。”

波浪滑翔机穿行于波涛汹涌的海面上

AutoNaut、C-Enduro 和 SV3 波浪滑翔机在 Exploring Ocean Fronts 项目的第二阶段启动

水面航行艇上的摄像系统还成功地拍到了各种海洋生物，包括海豚和塘鹅。这是 NOC 的机器人首次离岸采集海洋生物的照片，也展示了很少被海洋研究船造访的海洋测绘仪器的巨大潜力。

新人形机器人向我们传达了一个信号

在 2014 年 10 月举行的 CEATEC Japan 日本高新技术博览会上，东芝展出了一款“逼真的接待员机器人”，不过也许“逼真”一词都不足以形容它。这款人形机器人名叫“地平爱子”，类似于我们在实验室和行业展会中看到的其他机器人。

对于东芝而言，人形机器人爱子与其早期能与人交流的辅助型机器人不同，那些机器人采用无特色的塑料气泡制成，镶嵌着大大的球状双眼。大约 10 年前，东芝试着设计了一款名为 ApriAttenda 的保姆机器人，这款机器人会全天自动跟着一位老人，密切关注其一举一动。该原型于 2009 年经过升级，增加了胳膊和双手，能够打开微波炉取出加热的餐盘，但目前还不清楚该公司是否仍在就相关方面做进一步的研究。

新的人形机器人爱子是东芝同众多企业和大学努力合作的成果，其中包括十多年来一直致力于研究智能机器人的大阪大学，以及 aLab 公司、芝浦工业大学和湘南工科大学。

爱子使用 43 个气压传动装置做出面部表情和肢体动作，不过绝大部分工作似乎都通过伺服系统控制其手臂、手和手指来完成。这是因为机器人通过简单的手语进行交流，这需要手指关节的带动——这是以前的机器人中常常被忽视的一个细节。

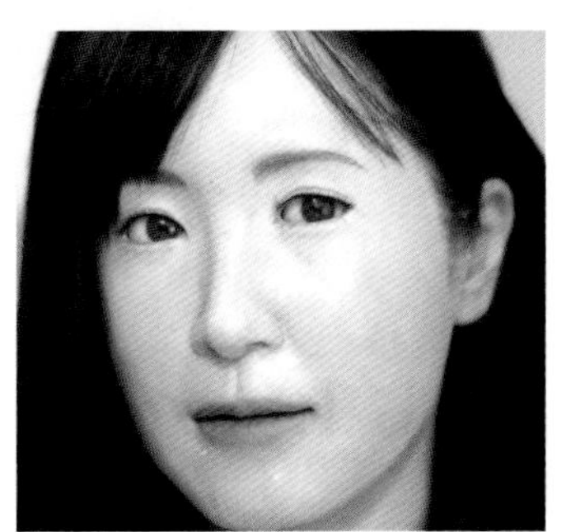

东芝表示，其目标是到 2020 年研制出一种远程操控机器人，咨询师和医生可以使用它与患有痴呆症的老年患者进行沟通。

机器人进入冰河时代

澳大利亚海事学院（AMC，塔斯马尼亚大学的专科学院）的世界领先研究将使该国能够利用机器人考察南极。

澳大利亚政府于 2014 年 11 月投资 2400 万美元推出了南极门户合作计划，其中包括投入 750 万美元建立一个海洋技术中心，目的在于打造下一代混合动力自主水下载具，用来探索数米厚的冰层下几百公里的深海区域。

领导这一研发工作的是 AMC 的自主水下航行器（AUV）和流体力学专家 Alex Forrest 博士。

Forrest 博士说，“塔斯马尼亚岛是我们利用机器人考察南极的项目中的一个重点活动区域。”

“南极门户合作计划中有四个主要研究领域：冰架穴、海洋生物、固体地表和海洋技术。我们将以海洋技术为主，研制一种新型自主水下航行器，这种水下载具可钻到冰洞下，对生物进行采样，并为所有其他研究提供反馈。”

目前正在位于朗塞斯顿的 AMC 建造这家 AUV 工厂，并且计划招募四个新岗位。其目标是在接下来三年研究、设计和制造机器人，准备在 2018 年（项目的最后一年）部署。

Forrest 博士评论道，“我们将探究有趣的科学问题，考虑一家 AUV 工厂如何能研发多种水下载具，并且选拔必要的支持人员来完成这些项目。”

“目前最大的挑战之一是概念设计阶段。我们不仅仅需要研制一种航行器，而且需要尽快将其研制出来；那么我们需要在其上搭载什么器械？我们希望该航行器具备哪些属性？从本质上讲，这些机器人设计起来相对比较简单，我们希望做出创新的方面是它们的行程、功能、搭载器械和数据传感器。”

Alex Forrest 博士于 2014 年 10 月携自主水下航行器 UBC-Gavia 前往南极开展科学研究考察。位于塔斯马尼亚岛朗塞斯顿的澳大利亚海事学院建立了一家新的自主水下航行器制造工厂，目的是打造下一代混合动力自主水下载具，用来探索数米厚的冰层下几百千米的深海区域

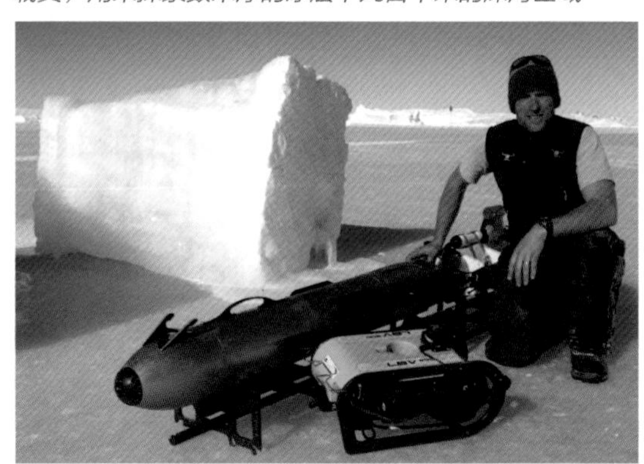

Forrest 博士花了近十年的时间致力于在北极和南极的冰层下部署机器人。他于 2014 年 10 月随一支国际研究考察队前往南极考察，使用自主水下航行器 UBC-Gavia（在 AMC 研制的一款水下机器人）研究了冰层下藻类的生长。

该项目在新西兰南极研究所的资助下，由 AMC 与海洋和南极研究所（塔斯马尼亚大学）、坎特伯雷大学（新西兰）和奥胡斯大学（丹麦）合作开展。

该项目旨在比较使用传统冰取心技术的冰面测量方法与使用 AUV 的冰下测量方法。这个七人团队花了 21 天的时间从新西兰斯科特基地进入埃文斯海角开展调查。

Forrest 博士解释道，“我们试图了解藻类的生长和分布动态，因为这些生物是南大洋生态系统中的首要研究对象。所以，为了搞清楚这款系统在冰下的工作效率，我们需要了解冰藻的分布。”

机器人冰下采样远远比传统方法更加高效和准确。在传统方法中，潜水员只能在钻孔 20 米半径范围内活动，从个别位置收集核心样本数据。而机器人的测量范围非常广，可采集任何水平方向上的变化，而不是根据定点取样进行估计。

他表示，“这款 AUV 配备了非常昂贵的导航设备，可准确估计其位置，为每一测点提供经纬度，精度可达厘米级。因此，在我们做一项测量时，我们确切地知道我们的位置，而且基于此我们可以建立三维空间地图。”

尽管 UBC-Gavia 的行程仅为 20 ~ 30 千米，建立新 AUV 工厂的目的是研制配备科学传感器且能够行驶更长距离的机器人舰队。这是一个宏伟的项目，实施起来不无风险。

Forrest 博士说，“尽管冰下探索是非常适合机器人完成的工作，但机器人部署也带来了显著的环境挑战，我们需要创新的工程解决方案。”

“每次部署时，我们都会遇到意想不到的挑战。然而，一个真正优秀的团队知道如何应对和克服这些挑战。”

Creadapt 机器人

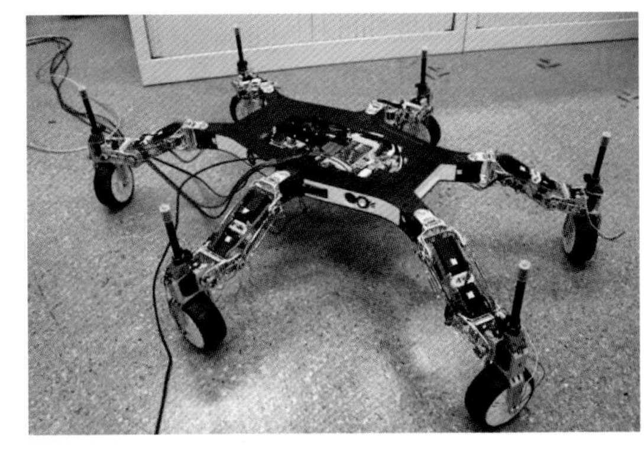

Jean-Baptiste Mouret 的六足机器人能够在失去一条腿后自我学习如何再次行走。机器人在受到损伤后还能保持行动能力是很重要的，同时要在实验室外复杂的世界中正常运行，适应能力也很重要。Mouret 的新型机器人通过 6 个自适应轮子可以探索到更远的地方。

在平坦的地面上，Creadapt 机器人可以使用它的轮子前进，一旦遇到不规则表面，如泥土、草地、岩石或瓦砾，它会立即改用最有效的移动方式前进。那么它怎么知道最有效的移动方式是什么？它现在还不知道，只能人工设定。

从根本上讲，一个机器人失去一条腿和一个机器人在一个不熟悉的表面移动，所遇到的问题是相同的：这个机器人要适应新的环境。为做到这一点，Creadapt 项目要教机器人效仿动物（就像人类）。也就是说，我们不断创新、优化、发展并适应。或者换句话说，我们尝试不同的东西，直到找到可行的方式，然后我们不断尝试各种可行的方式，直至找到最好的方式。

这里的原则是教机器人自己找到解决复杂问题的方法。这需要长期可靠地自主运行，因为我们没有办法预见机器人可能遇到的所有问题。

比方说，如果你让一些机器人探索另一个星球，它们中的一个被沙丘或者什么东西困住，你希望它做不同的尝试直到摆脱束缚，它会在每次尝试中学习。

对 Creadapt 机器人项目的投资会持续到 2016 年，所以我们才刚刚开始看到其潜能。最终，算法让机器人适应各种复杂的环境，让它变得无处不在，使其可靠性超过以往任何时候。

蝙蝠机器人可执行营救任务

受到吸血蝙蝠的启发，LudovicDaler 设计了最新版机器人，这款机器人不仅能在陆地行走，而且含有弹性骨架，可折叠和展开翅膀。

这款机器人名叫 DALER（陆空两栖无人机），可以在空中以每秒 20 米的速度飞行，也可以在陆地上以每秒 6 厘米的速度前进。虽然每秒 6 厘米的速度意味着它不可能走得太远，但在搜救任务中，它完全能够在地面上行走，这意味着它能着陆并四处走动，甚至可能在障碍物下移动，调查无法从空中进入的区域。

从 YouTube 上学习烹饪知识

想象这样一幅情景：有一个机器人每天早上为你准备早餐。再想象一下，该机器人不需要任何帮助就知道如何做出完美的煎蛋卷，因为它通过观看 YouTube 上的视频学会了所有烹饪步骤。这听起来像是科幻小说，但马里兰大学的一个研究团队刚刚完成了一个重大突破，让这一情景离现实更近一步。

马里兰大学高级计算机研究所（UMIACS）的研究人员与澳大利亚国家信息通信技术研究院（NICTA）的科学家合作开发了能够自我学习的机器人系统。这些机器人能够通过观看在线烹饪视频，掌握烹饪所需的复杂抓握和操控动作。一个关键的突破是，机器人能自我“思考”，确定观察到的动作的最佳组合，这使它们能够高效地完成既定任务。

研究人员通过综合利用来自三个不同研究领域的方法取得了这一里程碑式的成就：人工智能、计算机视觉和自然语言处理，其中，人工智能是可以自主做决定的计算机设计；计算机视觉是一种可以准确地识别形状和动作的系统工程；自然语言处理是可以理解口头命令的鲁棒系统的开发。虽然底层的工作很复杂，但该团队希望研发出的系统实用性强，与人们的日常生活息息相关。

UMD 计算机科学教授兼计算机视觉实验室（UMIACS 的 16 个实验室和中心之一）主任 Yiannis Aloimonos 说，“我们选择了烹饪视频是因为大家都看过烹饪视频，知道是怎么回事。但烹饪操作起来复杂，涉及很多步骤，需要使用一些厨具。例如，你想切一根黄瓜，需要拿起刀，将黄瓜放到刀下适当位置，然后开始切，最后观察切好的黄瓜，确保操作无误。”

一个关键的挑战是想办法让机器人适当地解析各个步骤，同时从质量参差不齐的不同视频中收集信息。机器人需要能够识别每一个步骤，赋予每个步骤一个“规则”来规定某种行为，然后将这些行为以正确的顺序串连起来。

尽管机器人已用于执行复杂任务数十年（如汽车装配线），但机器人行为必须由人类技术人员精心编程实现并校准。自主学习机器人可以通过观察别人来收集必要的信息，这与人类的学习方式相同。Aloimonos 和 Ferm ü ller 提出了一种未来设想：机器人趋向于处理日常生活琐事，而人类可以自由追求更刺激的挑战。

Aloimonos 说，“研制出灵活的机器人，会将自动化推进到下一个阶段。这将引领下一场工业革命。”

马里兰大学的计算机科学家 Yiannis Aloimonos（图中间），正在开发能够直观识别物体并基于观察结果产生新行为的机器人系统

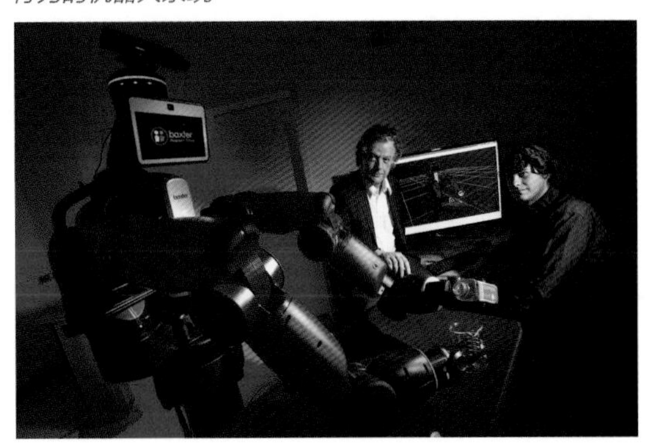

马里兰大学研究人员 Cornelia Ferm ü ller（图左）与研究生 Yezhou Yang（图右）一同研发能够准确识别和复制复杂手势的计算机视觉系统

可打印的驱动器

做一个机器人有多容易？其实没有这么简单。那要如何轻松地打造一个机器人？我们何不试试将可打印和充气的塑料驱动器装在折纸（或任何其他东西）上？

东京大学的 RyumaNiiyama 和麻省理工学院一起工作的几位同事发现，这样制作机器人确实很容易。

驱动器由一个像是 3 轴 CNC 加装烙铁棒的客制结构印制出来。

可加热杆在两片热塑性袋上画出形状，留下环环相扣的充气袋图案，驱动器就完成了。将软管与一端的注射器相连，让使用者能够对驱动器执行充气和放气，这将拉曳你决定将其粘到的任何东西扇动。

任何有 3D 打印机的人都可以按照自己想要的规格在几分钟内做出这样的驱动器。

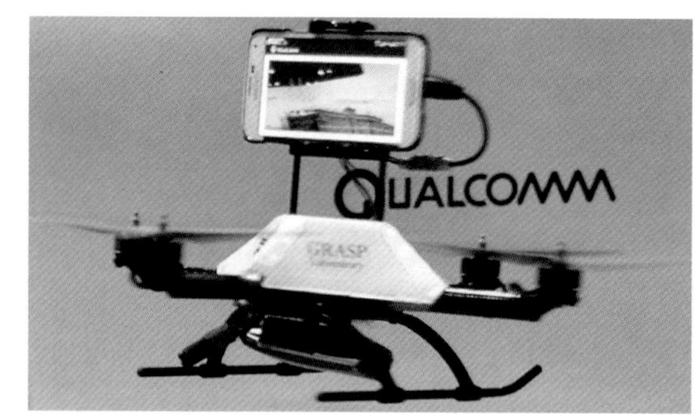

智能手机变身为小型无人机控制大脑

在 2015 年的 CES 大展上，高通展出了与 Vijay Kumar 领导的美国宾夕法尼亚大学研究人员的共同合作项目。这是一个使用智能手机当作控制大脑的四轴自主飞行器（小型无人机），该四轴飞行器只使用了板载硬件及视觉算法进行自主飞行，并未使用 GPS，令人印象深刻。

驾车新规则

英国正在修改交通法规，以预防无人驾驶汽车导致交通堵塞，并帮助它们应对咄咄逼人的人类司机。

据《每日邮报》报道，其中一项修改是允许车与车之间靠得很近，“与有人驾驶车辆相比，自动驾驶车辆之间的车间距很小，只是推荐距离的几分之一。”这样做是为了预防无人驾驶车辆在变道前逗留，并到十字路口，或试图争抢停车位。

英国交通部将于今年夏天公布一套行为守则，其中概括了需要对其交通法规做出的修订，然后在 2017 年对相关修订进行全面审查。

交通部长 Claire Perry 说，“无人驾驶车辆技术有可能真正改变英国公路的格局，从根本上改变汽车驾驶的面貌，在道路安全、社会包容、排放和拥堵方面产生巨大效益。”

机器人在墓地的应用

PlotBox 被称为“墓地的谷歌地图”。它利用云计算软件和无人机为墓地绘制地图，确保墓园不会把逝者下葬在错误地点。

“死亡”是人们不愿意去想的一个话题，但殡葬业是一个巨大的产业。仅在美国，殡葬行业规模就达 30 亿美元。

许多墓地仍然依靠传统的纸质葬礼和空穴记录绘制墓地位置图。这些过时的系统可能会导致坟墓被挖在错误的位置。

这时 PlayBox 便可派上用场。总部位于北爱尔兰的这家创业公司发明了一种可使用无人机绘制场地的云计算软件。据 PlotBox 创始人 Sean 和 Leona McAllister 介绍，无人机可快速扫描墓园是否有空闲地块，其速度比传统方法要快得多。PlotBox 通过无人机在 30 分钟内扫描了一个 20 平方米的墓园，如若采用普通方法，这将需要 100 个小时。

PlotBox 软件还为经营管理提供相关工具，便于商家与员工和合作商交流，制作财务报表，以及编制可搜索的家谱数据。

磁的魅力

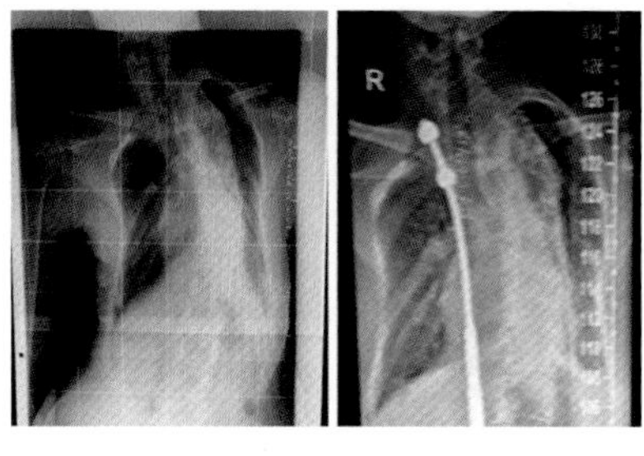

34 岁的 Deirdre McDonnell 来自爱尔兰劳斯郡德罗赫达，她成为世界上首个通过遥控机器人脊柱植入物治疗先天性脊柱侧凸的成年人。这次手术利用一种磁力扩弓控制系统（MAGEC）在 McDonnell 的脊柱下方植入了磁力杆。然后从外面控制磁力杆来校正脊柱侧凸引起的弯曲。

McDonnell 患有先天性脊柱侧凸（10 000 个新生儿中约有 1 个患有此病），并且在出生后第六周就接受了第一次手术。她的脊柱变形很厉害，医生们都认为她活不过七岁。在接下来的 10 年，她接受了 8 次饱受折磨的手术，医生尽力保住了她的生命。

这次手术过后，通过外部远程控制（ERC），磁力杆逐渐从皮肤外被拉伸。McDonnell 的脊椎在几个月内每隔一段时间被拉直一点。她现在已完全康复。

MAGEC 系统治疗儿童脊柱畸形 Ellipse (http://ellipse-tech.com/) 开发的 MAGEC (MAGnetic Expansion Control) 系统用于治疗患有严重脊柱畸形的儿童。MAGEC 系统由一个可植入杆、外部遥控器(ERC)和附件组成。植入的 MAGEC 脊柱杆用于支撑脊柱的生长，尽可能减缓脊柱侧凸的发展进程。它使用椎板钩和 / 或椎弓根钉等标准商用固定组件固牢。有 4.5 毫米和 5.5 毫米直径的 MAGEC 杆可选。

植入 MAGEC 杆之后，从身体外部穿过患者的脊柱将 ERC 放到 MAGEC 杆中的磁体位置。定期对 MAGEC 杆执行非侵入性干扰来延长脊柱并为脊柱的生长提供足够的支撑。使用常规 X 射线或超声波来确认干扰的位置和幅度。主治医生将根据患者的需求定制干扰频率。

SAFFiR 机器人水手

科学家们在 2015 年 2 月举办的海军未来部队科学与技术博览会上展出了一款船载自动消防机器人（SAFFiR）原型，详细透露了其于 2014 年秋天在一艘已经退役的 USS Shadwell 上的实战演示成果。

在 2014 年 11 月开展的一系列试验中，由美国海军研究办公室（ONR）赞助的 SAFFiR 走过不平的地面，使用热成像识别过热的设备，并使用一个软管扑灭一场小火灾。

实质上，SAFFiR 是一款正在开发中的双足人形机器人，用于协助水手在海军舰艇上完成损害控制和检修作业。

该机器人实际应用的视频：http://youtu.be/_ZHb4VbG6mQ。

机器人发起了攻击

一名 52 岁的韩国妇女在地板上打盹时遭到她的吸尘机器人的“攻击”。韩国人习惯在地板上坐着或休息，吸尘机器人在吸住这名妇女的头发后跑了超过一分钟。

这名妇女只好拨打 119（韩国紧急电话号码），并让消防员把她从机器人的手中解脱出来。不过她也被拽掉了几缕头发。

吸尘机器人都有传感器，可避开障碍物和楼梯，但是它们显然无法区分掉在地板上的头发与连上头皮上的头发之间的差别。

报道称，机器人安然无恙，仍然能正常工作，但目前尚不清楚它是否还有机会在这个韩国家庭中提供服务。

机器人？TIAGO！

以 REEM 人形机器人闻名的西班牙机器人制造商 PAL Robotics 引入了一款名为 Tiago（Take It And Go）的新型行动操作臂机器人。如果你想让一个机器人捡起或移动研究环境中的物品，那么这就是适合你的机器人。

Tiago 的总体设计与 Unbounded Robotics（参与过 Platformbot 项目）的 UBR-1，以及更早的丰田 HSR 机器人有一些相似之处。

Tiago 采用了三种不同级别的配置："铁""钢"和"钛"级，这些配置并非指用于制作机器人的材料。其中最基本的型号(铁)配有 3 米的激光导航，无手臂，价格不到 30000 欧元（34000 美元）。加装一个有平行夹爪的七自由度手臂，总价约 50000 欧元（57000 美元）。

而钛的型号，包括一个带力量 / 力矩传感器的五指手爪，以及 10 米的激光导航，将花费大约 60000 欧元（68000 美元）。

如果你只是想要导航的功能，因此需要一个 10 米长的激光导航而且无手臂，PAL 也能与你合作实现其他配置。

像火蜥蜴一般爬行

制作一个看起来像动物的机器人并非难事。但要制作一个行为举止像动物的机器人就难多了。EPFL 在 Auke Jan Ijspeert 教授的领导之下研究游泳机器人已有十多年，他们以火蜥蜴作为模型。Pleurobot 是至今为止最惟妙惟肖的一款仿生机器人。

Pleurobot 行动起来如此逼真的关键在于，该团队用 X 光拍摄了一头真实火蜥蜴爬行和游泳的

立体影片，并据此进行了设计。通过检测其骨架上 64 个定点的动作与相对位置，EPFL 研究团队能够手动绘制出其 3D 骨骼运动图。接着基于记录的所有三种步态姿势，他们推导出各主、被动关节的最佳数量和排放位置，让机器人准确还原重现自然界中火蜥蜴的真实运动姿态。

正因为 Pleurobot 的骨架结构能够精细控制它身上的每一个主动关节，EPFL 研究团队因此得以模拟火蜥蜴的脊髓神经回路，建立神经网络模型（称为中枢模式发生器），激活虚拟肌肉复制记录的真实火蜥蜴动作以及真实粘弹性变形特性。藉此让我们对真实脊椎动物的运动控制能有更进一步的了解。

换言之，火蜥蜴机器人的关节和肌肉会像一头真实的火蜥蜴一样产生反射。这意味着，对火蜥蜴机器人应用真实火蜥蜴爬行所用的神经模式，将会或至少应该会使机器人以相同的方式爬行。事实证明效果相当不错。

虽然 Pleurobot 前进的速度并不快，但它的重心极稳。

此外，它还是一款两栖机器人：可以在陆地上爬行，可以在水下游泳，也可以在水陆之间无缝过渡。这使其非常适合于执行义务搜救任务，不过在水下作业时，该机器人需要加一层防水外衣。

“墨菲斯计划”虚拟现实耳机

索尼计划明年在全球市场推出其虚拟现实耳机。在最近的游戏开发者大会上，这家游戏和电子产品公司宣布，其绰号“墨菲斯计划”的虚拟现实系统将于 2016 年上半年亮相。索尼公司先是在去年的视频游戏开发者聚会上展出了这款耳机的原型。这款耳机运用索尼的 PlayStation4 控制系统和镜头，为用户带来广角视觉，并在屏幕上模拟现实世界。

虽然虚拟现实耳机原型很大程度上类似于先前发布的原型，新版本改进了耳机后脑勺的设计，以便用户可以前后滑动，调整眼镜屏幕。

新版原型拥有可显示近 100 度视野的 14.5 厘米 OLED 屏幕，屏幕可以以每秒 120 帧的频率处理视频。耳机外表面配置了 9 个 LED 灯用来追踪头部位置。目前，耳机价格并未公布。